ずかん

★見ながら学習 調べてなっとく

海外を侵略する

日本＆世界の

生き物

監修／今泉忠明

技術評論社

- この本の使い方 …………4
- 用語解説 …………6
- はじめに …………7

第1章 外来生物って何だろう？……8

外来生物はどんな生き物？ ……10
外来生物の影響は……？ ……11

コラム　身近なかわいいペットたちも!?　あれもこれも外来生物 ……15

第2章 日本＆アジアで身近な世界の外来生物……16

タヌキ…18／ニホンジカ…20／ヤギ…22／クマネズミ…24／マガモ…26／オシドリ…28／スズメ…29／イエスズメ…29／カワラバト…30／シラコバト…30

コラム　散歩に出かければ、外来生物だらけ！　身近な外来生物を探してみよう！ ……32
コイ…34／キンギョ…36／ハナミノカサゴ…38／モツゴ…40／カラフトマス…42／スズキ…44／マハゼ…45／アカオビシマハゼ…45／タウナギ…46／ドジョウ…46／ホソウミニナ…47／イソガニ…48／キヒトデ…49／エボヤ…49
コラム　みんな、おいしく食べている！　世界の外来生物料理 ……50
ナミテントウ…52／ナナホシテントウ…52／マメコガネ…54／ナミアゲハ…56／サイカブト…57／マイマイガ…58／ヒトスジシマカ…60／ツヤハダゴマダラカミキリ…61／フタモンアシナガバチ…62／キオビクロスズメバチ…62／イエヒメアリ…63

コラム　多摩川がタマゾン川に!?　自然に放たれたペットたち ……64
クズ…66／イタドリ…68／ワカメ…70／ブタクサ…72／エゾミソハギ…74／スイカズラ…75／ダンチク…76／カナムグラ…77／ネズミモチ…77／イシミカワ…78／ススキ…79／メギ…80／ハマナス…80／カエルツボカビ…81
コラム　外来生物がもたらす脅威！　在来生物や人がかかる感染症 ……82

2

第3章 世界をかけめぐる外来生物……84

オセアニア …… 86
アナウサギ…87／アカギツネ…88／オコジョ…89／フェレット…89／フクロギツネ…90／カダヤシ…90／インドハッカ…91／オオヒキガエル…92／ヒアリ…94／イボタノキの仲間…95／ギンネム…95／セイロンマンリョウ…96／センニンサボテン…96／サンショウモドキ…97／ランタナ…97

北アメリカ…98
ノブタ…99／ヌートリア…100／ホシムクドリ…101

コラム 外来種ミナミオオガシラの大きな影響　グアムの固有種を守れ！……102

コラム ハイビスカスもブーゲンビリアも!?　ハワイらしい植物も外来種……103

中央・南アメリカ …… 104
モザンビークティラピア…105／タイセイヨウサケ…106／コキーコヤスガエル…107／ハリエニシダ…107

コラム 多様な固有種のいる世界遺産　ガラパゴス諸島の危機……108

ヨーロッパ …… 110
トウブハイイロリス…111／ミシシッピアカミミガメ…112
チュウゴクモクズガニ…113

アフリカ …… 114
ヒマワリヒヨドリ…115

コラム ナイルパーチが引き起こした　ビクトリア湖の悲劇……116

コラム 意外に少ない？　マダガスカル島の外来種……117

アジア …… 118

コラム 経済発展により加速!?　500種以上に侵入された中国……119

コラム 外来生物から生態系を守るために……　わたしたちにもできること……120

● 世界に大きな影響をおよぼす生き物たち　世界の侵略的外来生物ワースト100……122
● 日本にもさまざまな種が侵入！　日本の侵略的外来生物ワースト100……124
● さくいん……126

この本の使い方

外来生物の問題は、世界的な問題です。日本のことだけでなく、海外がどんな状況にあるのかを知るためにこの本を活用しましょう。1章では日本の外来生物の現状をおおまかに把握できます。そして2章では日本にもなじみ深い生き物が海外を侵略する様子を、3章では世界を行き来する外来生物を紹介し、くわしく解説しています。

外来生物アイコン

世界の侵略的外来生物ワースト100、日本の侵略的外来生物ワースト100、特定外来生物に選ばれているもの。

分布地図

ピンクが自然分布、青が移入分布を示しています。おもな分布地域のみ示しました。

和名
標準的な日本語の名前です。

学名
世界共通の名前です。属名と種小名の2語からなります。この例では、Anas が属名、platyrhynchos が種小名です。

目名・科名
その種が属する目や科の名前です。目より下位の分類が科です。

基本データ
分布範囲や大きさ、生息地などの基本データを示しています。

※大きさの見方
- 動物：おもに体長（頭から胴までの長さ＝頭胴長）を示しています。体高（肩までの高さ）を示したものもあります。
- 魚：おもに全長（頭から尾までの長さ）を示しています。
- 鳥：おもに全長を示しています。
- 虫：おもに体長あるいは全長を示しています。チョウは、前翅長を示しています。

その他特別な表記が必要な場合はそれぞれ示しました。

クズ
Pueraria lobata マメ目 マメ科

クズの花
homi/Shutterstock.com

自然分布	東アジア、東南アジア
移入分布	北米、オーストラリア、ニュージーランド、ヨーロッパ、アフリカなど
大きさ	—（つる植物）
生息地	荒れ地、林の周り

アメリカ合衆国テネシー州ではびこるクズ。 by Katie Ashdown

観賞用としてアメリカへ

クズは、つるをのばして、あたりをおおいつくすように広がる多年草です。節から根を下ろして、大きな群落を作ります。日本では、秋の七草の一つに数えられ、家畜の飼料にしたり、繊維で葛布を作ったりしてきました。また根は、葛根という生薬になり、葛もちや葛きりの材料である葛粉にもなるなど、古くから利用されてきた身近な植物です。

アメリカ合衆国には、1876年に日本から持ちこまれ、独立100周年を記念する国際博覧会で、観賞用として紹介されました。その後、フェンスにはわせて庭の飾りにするほか、家畜の飼料としても利用され、また頑丈な根が土壌の流出を防ぐことから、各地で植えられるようになりました。

クズの薬効

葛根は、中国で発明された生薬で、クズの根を乾燥させて作ります。これに桂皮、麻黄、甘草などの生薬を混ぜたものが、葛根湯という漢方薬です。発汗作用、痛みをおさえる作用があるとされ、風邪のひきはじめに効く薬として現在でも利用されています。

大コラムページ

外来生物を探したり、食べられる外来生物を見てみたり、自分たちもできることを調べたりするページです。外来生物全体にかかわる話題を紹介します。

クローズアップページ

地域に焦点を当てたコラムです。その地域で起こっている問題を、写真や図を使って解説しています。

根絶はほぼ不可能……

現在アメリカでは、それらのクズが野生化して問題になっています。人の管理が追いつかないほどの勢いで広がり、丘をまるごとおおい、ほかの木をからしたり、農地に進出して農産物に被害をあたえたり、電線に巻きついたりするなど、大変なやっかいものです。

駆除しようと地上部をかり取っても、根が残っていれば再生するので、根絶はほぼ不可能です。つるの先を切るなど、中途半端にかつたりすると、よけいに新しい子づるや根を出し、かえって繁茂力が増してしまいます。

日本のように食べればよいと思いますが、葛粉の精製には大変な手間と労力がかかり、簡単にはできません。繁茂を防ぐには、根ごと取り去る、専用の除草剤を使うほか、クズを食べる昆虫や微生物を利用することも研究中です。

秋にかれても、来年また復活する。ウェストバージニア州。
by Paul Sableman

影響のアイコン

 在来生物に影響をおよぼすもの。

 環境に影響をおよぼすもの。

 病原体そのものや、病原体を媒介するもの。

 農業に影響をおよぼすもの。

 漁業に影響をおよぼすもの。

 畜産業に影響をおよぼすもの。

その他の特徴のアイコン

 食用として利用されるもの。

 毒をもつもの。

 ペットとして飼われることがあるもの。

 狩猟動物とされることがあるもの。

コラム

取り上げた種について、より理解を深めるための情報やお話を紹介しています。

クズが葛もちになるまで

IUCN（国際自然保護連合）
自然保護や野生生物保護のため、1948年に設立された国際的なNGO。研究者間の情報交換や、調査研究を行うほか、世界的な自然保護の指針とするための世界保全戦略などを作成。絶滅危惧種のリスト『レッドデータブック』や、『世界の侵略的外来種ワースト100』を発行している。

移入
生き物の個体群が、別の場所などに移って入ってくること。

外来種被害予防三原則
環境省がかかげる、外来種問題を引き起こさないための私たち一人一人の取るべき姿勢を表したスローガン。「入れない」「捨てない」「ひろげない」の3つ。

外来生物（種）
意図的または非意図的に、人によって自然分布域から持ち出され、新しい場所で暮らす生き物のこと。

外来生物法
正式名は、「特定外来生物による生態系等に係る被害の防止に関する法律」。日本の在来生物を捕食・競合したり、生態系を損ねたり、人の生命・身体、農林水産業に被害をあたえたりする外来生物による被害を防止する法律。

競合
同じ種またはちがう種の複数の個体が、食物や巣の場所などを取り合い、一方がもう一方を不利な状況にさせること。

交雑
遺伝子のちがう生き物同士で雑種ができるような交配。雑種となると、純粋な遺伝子が乱される。

固有生物（種）
分布が特定の地域に限られる生き物。亜種の場合もある。特定の地域は、その生き物の分布状況によって異なり、国や都道府県ほどの広さだったり、ほんの小さな地域だったりする。

在来生物（種）
もともとその生息地で暮らす生き物のこと。

侵略的外来生物
外来生物のうち、生態系や人の生命・身体、農林水産業などへの被害をおよぼす恐れの大きいもの。

生態系
ある地域にすむすべての生き物と、それらが暮らす環境のこと。生き物と環境はたがいに係り合いながら、一つのまとまった仕組みと働きを作っている。

生物多様性
いろいろな種の生き物が存在するだけでなく、それによって成り立つ生態系や、それぞれが持つ遺伝子が多様な状態であること。

絶滅危惧種
現在生きている個体数が減少しており、絶滅の恐れが非常に高い野生生物。IUCNでは、絶滅危惧種を絶滅種・絶滅危惧種・危急種・希少種の4段階に分けて分類し『レッドデータブック』として発表している。また日本の絶滅危惧種は、環境省が『レッドリスト』としてまとめている。

定着
外来生物が新しい土地で、継続的に子孫を増やして生存可能な状態になっていくこと。

特定外来生物
外来生物のうち、特定外来生物被害防止法で指定されたもの。生態系に係る被害の防止のため、環境省が指定している。研究目的で許可を得たものをのぞき、輸入、販売、飼育、栽培、保管、運搬などが禁止される。2017年6月現在、132種類が指定され、今後いくつかの種のクワガタなどが追加される予定。

バラスト水条約
正式名は、「船舶のバラスト水および沈殿物の規制および管理のための国際条約」。海の外来生物を移入させないよう、船に特別な装置をつけて、バラスト水にふくまれる生き物を浄化してから排出することや、沿岸から遠くはなれた場所でバラスト水を交換することなどが定められた。

はじめに

　大昔から人間は、となりの人やとなりの村、となりの島、となりの国……と交流し、行動範囲を広げてきました。そして自分たちの故郷にはない、めずらしい生き物、おいしい食べ物、役に立つ道具などを見つけると、物々交換をしたりして何とか運んできたのです。最初は歩いて運んだものが、技術が発達して便利になると荷車や馬車で運ぶようになり、今では船や飛行機で運んでいます。

　こうして運ばれてきたもののうち、生き物が「外来生物」となるわけです。

　最近日本で問題になっているのは、外来生物がもともといた生き物（在来生物）に害をあたえるということです。生き物たちは、長い間地球上のあらゆる場所で、おたがいのバランスをとって暮らしてきました。日本は、氷河期が終わって大陸と海でへだたれて島になったために、固有の在来生物がたくさんいます。そこに外来生物が急激に入ってくると、もともといたものは簡単に追いはらわれたり死滅させられたりしてしまうのです。

　在来生物も対抗するのでしょうが、とにかく急に侵入してくるわけですから、防御する方法を身につける間がないのです。すると生態系のバランスがこわれ、その地域の生き物の多様性が減ってしまうのです。

　この外来生物の問題は、世界的な問題です。日本の生き物もどんどん国外へ出て、外来生物として繁殖しています。これは旅行者が海外旅行に行くのと同じことで、そこが気に入って住み着き、その土地の人と結婚して子どもが生まれ、子孫が増えていくといったことと同じなのです。外来生物の場合、なぜ問題になるのかといえば、それが生き物の意志で行うものでなく、人が自分の都合で行動し、その結果起きてしまう問題だからです。

　本書では、日本発の外来生物もいくつも紹介しています。外来生物の問題は解決するのに時間のかかる話ですが、まずは知ることが大切です。これからの未来を担う若い人たちが考えていくことが重要だと思うのです。

日本動物科学研究所　所長　今泉忠明

第1章 外来生物って何だろう？

セイヨウオオマルハナバチ

キョン

タイワンザル

アフリカマイマイ

セアカゴケグモ

外来生物とは、文字通り、外から来た生き物のことです。
人が何かの目的で運んできたり、うっかりくっついてきたり……。
現代では、人は船や飛行機で世界中を移動することができます。
それにともなって外来生物も世界中を移動しています。
まずは日本の例を見ながら、外来生物がどんな生き物か、
どんな問題が起きるのかを調べてみましょう。

外来生物はどんな生き物？

人が持ちこんだ生き物

外来生物（もしくは外来種）は、本来の生息地から、そうでない土地に持ちこまれた生き物です。人が運んだり荷物にまぎれたりして別の土地へ移入し、野生で繁殖するようになって外来生物と呼ばれます。それに対し、もとからその土地にいた生き物は、在来生物（在来種）といいます。

人が持ちこんだものが外来生物ですから、渡り鳥や回遊魚など、自分の力で移動してくる生き物は、外来生物とはいいません。

日本でも、動物や植物、昆虫、魚、菌類など、あらゆる種類の外来生物が確認されていて、その数は約2000種をこえています。

国内から国内でも外来生物

外来生物は、外国から来るものに限りません。国内でも、もとからすんでいない土地に持ちこまれれば、外来生物です。たとえば、九州から北海道に持ちこまれたものは、九州では在来生物、北海道では外来生物となります。

外来生物が持ちこまれた理由

食料のため
食べるためや、食用動物のえさのために輸入され、にげ出した。

毛皮のため
毛皮を取る目的で飼育するため、生きたまま輸入したところ、にげ出した。

農業のため
トマトやイチゴ栽培などで、受粉の際に働かせるため輸入し、にげ出した。

飼育のため
観賞用の植物や、愛玩用のペットとして輸入され、外に種が飛んだり、放されるなどして野生化した。

害獣害虫対策のため
害獣や害虫を駆除するため、天敵となる生き物を輸入し、管理できず野生化した。

うっかり……
輸入品や人の靴底にくっついたり、海のバラスト水（→70ページ）にまぎれたりして持ちこまれた。

外来生物の影響は……？

おもわぬ影響が現れる！

生き物たちはおたがいにバランスを保ってその土地で暮らしています。しかし、そこへ外来生物がやってくると、生態系のバランスがくずれるなど、さまざまな影響が現れます。

なかには、たいした問題もなく、その土地に順応する生き物もいますが、一部は在来生物や人体、環境や人が営む産業に大きな影響をもたらすことがあり、このような外来生物は「侵略的外来生物」と呼ばれて区別されます。この本では、そんな侵略的外来生物を中心に紹介しています。

侵略的というと、まるで宇宙からやってくるエイリアンのように、おそろしくて悪いことをするように思いますが、そうではありません。その生き物はただそこで生きているだけで、人が持ちこまなければ、そんな問題は起きなかったのですから……。だから、まちがっても、「悪い生き物をやっつけよう！」などとは思わないであげてください。

次のページからは、おもな外来生物の問題を、日本の例をもとに見てみましょう。

ぼくらは悪者じゃないよ！

❶ 在来生物を減らしてしまう

　外来生物は、新しい土地で生きるため、食べ物を食べたり、巣を作ったり、植物であれば葉をしげらせて光合成をしたりと、さまざまな生命活動を行います。
　その生活が、在来生物に影響をあたえることがあります。在来生物を食べて数を減らすだけでなく、すみかや食べ物をうばったり、交雑して純粋な遺伝子を失わせたりすることで、在来生物の数を減らします。また、外来植物が繁茂して日陰を作ることで、日当りのよいところを好む在来植物が生えなくなるということも起こります。

在来種を食べる

オオクチバス

自然分布 北アメリカ

 日本の侵略的外来生物ワースト100
 世界の侵略的外来生物ワースト100
 特定外来生物

Rostislav Stefanek/Shutterstock.com

肉食で攻撃的、雑食で多くの小魚を捕食し、琵琶湖では固有種のニゴロブナ、ホンモロコを絶滅危惧種に追いやるなど、全国で問題になっています。

アメリカザリガニ

自然分布 アメリカ南部

 日本の侵略的外来生物ワースト100

giocalde/Shutterstock.com

ほかには……
フイリマングース、タイワンスジオ、ヌートリア、ソウギョ、グリーンアノール、ウチダザリガニ　など

1940年代には関東一円に、1980年代には沖縄に到達しました。すさまじいスピードで増え、雑食性のため、魚類や水生昆虫、水草を食べてしまいます。

在来種と交雑する

タイワンザル

自然分布 台湾

 日本の侵略的外来生物ワースト100
 特定外来生物

Ming-Hsiang Chuang/Shutterstock.com

ほかには……
チュウゴクオオサンショウウオ、コウライキジ、セイヨウタンポポ、クサガメ　など

動物園から脱走。しっぽ以外、日本固有種のニホンザルと区別がつかず、50年以上知られないまま、たがいに交雑していました。

すみかや食べ物をうばう

セイヨウオオマルハナバチ

自然分布 ヨーロッパ

 日本の侵略的外来生物ワースト100
 特定外来生物

Christian Musat/Shutterstock.com

ほかには……
ガビチョウ、タイリクバラタナゴ、ソウシチョウ、ウシガエル、アレチウリ　など

トマト栽培のハウスなどで受粉を助けるために輸入されました。しかし、ハウスからにげて、在来のマルハナバチの巣を乗っ取るなどして問題になっています。

❷ 病気やけがの原因になる

　外来生物の中には、かみついたりひっかいたりして、人に害をおよぼすものがいます。また、毒やとげを持っているような危険な生き物もいます。

　病原菌やウイルス、寄生虫などの病原体を持っていたり（→82ページ）すると、今までその地域にはなかった新たな感染症を引き起こします。外来生物がもたらす感染症には、在来生物だけでなく、人にも害をなすものもあるため、注意が必要です。

かみつく・ひっかく

カミツキガメ

自然分布 北・中央アメリカ

Chuck Wagner/Shutterstock.com

ほかには……
ワニガメ、アルゼンチンアリ　など

　陸上では警戒心が強く、攻撃的です。首を長くのばして、目の前にあるものにすばやくかみつくため、絶対に近づいてはいけません。

毒やとげを持つ

セアカゴケグモ

自然分布 オーストラリア？

feathercollector/Shutterstock.com

ほかには……
ツマアカスズメバチ、アメリカオニアザミ、メリケントキンソウ　など

　神経毒を持ち、かまれると強い痛みがありますが、ほとんどの場合は死ぬまでにはなりません。おとなしいので、むやみにさわらなければ大丈夫です。

病原体を持つ

アフリカマイマイ

自然分布 東アフリカ

kajornyot wildlife photography/Shutterstock.com

　10日周期で100〜1000個の卵を産み、爆発的に増えます。広東住血線虫（→83ページ）という寄生虫を体内に持っていて、人がこの寄生虫に感染すると、おそろしい病気を引き起こします。

オオブタクサ

自然分布 北アメリカ

Melinda Fawver/Shutterstock.com

ほかには……
アライグマ、チャバネゴキブリ、カワラバト　など

　畑や河川敷などに大繁殖します。ブタクサ（→72ページ）と同じく、花粉が風に飛び、花粉症の原因となります。秋が花粉症のシーズンです。

13

❸ 環境への影響

　外来生物の暮らしは、環境に影響をあたえることがあります。たとえば、外来生物が土手などに巣穴をほると、くずれやすくなるため危険です。また、植物を食べつくすことで、その根によって保たれていた土壌が流れ、地形が変わってしまいます。その土壌が川や海に流れこむと、水質汚染も引き起こします。

　土壌がくずれやすくなると、洪水や地震が起きたときに被害を拡大させることもあり、注意が必要です。

地形を変える

ヌートリア（→100ページ）

自然分布　南アメリカ

水際に穴をほって巣を作ります。堤防やため池の斜面、水田の畔などに穴を開けて、くずれやすくしてしまいます。石垣の間に巣穴をほることもあり、上に建物がある場合は、建物にも被害がおよびます。

Nannycz/Shutterstock.com

 日本の侵略的外来生物ワースト100
 世界の侵略的外来生物ワースト100
 特定外来生物

ほかには……
ヤギ　など

❹ 産業への影響

　外来生物の中には、畑をあらしたり、漁業の対象となる魚や貝などを食べたりして、産業に影響をおよぼすものがいます。

農業や漁業に被害をおよぼす

キョン　特定外来生物

自然分布　中国南部、台湾

Rowland Cole/Shutterstock.com

千葉と伊豆大島の動物園からにげて野生化。木の葉や実を食べるほか、島の名産アシタバや、イネ、トマト、カキ、ミカン、スイカなど多くの農作物を食べます。

アライグマ

自然分布　北・中央アメリカ

 日本の侵略的外来生物ワースト100　特定外来生物

Bildagentur Zoonar GmbH/Shutterstock.com

トウモロコシが大好物です。ほかにも、ナスやトマトなどの野菜、メロンやスイカなどの果物、コイなどの養殖魚をおそい、ビニールハウスがこわされるなどの被害も見られます。

ほかには……
ハクビシン、タイワンリス、スクミリンゴガイ、オンシツコナジラミ、トマトハモグリバエ　など

コラム 身近なかわいいペットたちも?!
あれもこれも外来生物

わたしたちのまわりには、外来生物があふれています。といってもピンとこないかもしれませんが、かわいいペットのネコやイヌだって、本来は外来生物です。これらが何らかの原因で、野生で暮らしはじめると、在来生物に影響をもたらすことも……。もっとも身近なペットたちの野生での生き方を見てみましょう。

ノイヌ

川村秋男さん提供

オオカミに近い野生イヌが家畜化され、人間と長い歴史をともにしてきました。写真は北海道で野生化してエゾシカをおそう様子。奄美大島では絶滅危惧種のアマミノクロウサギを食べたりもしています。

ハツカネズミ

ペットとして有名なのはアルビノの個体ですが、多くは茶色をしています。畑の農作物や貯蔵してあった収穫物を食べてしまう被害が全国で見られます。

ノネコ

写真は沖縄県竹富島で暮らす野良猫たち。ネコは食べるためだけでなく、遊びでハンティングする習性もあり、奄美大島や沖縄の山原などでは希少な動物がおそわれるケースも見られます。

第2章 日本やアジアで身近な世界の外来生物

世界中を移動する外来生物。身のまわりでふつうに見られる生き物でも、外国で外来生物としてはびこっていることがあります。ふつうに見られるから在来生物だと思っていたものでも、外来生物としてやってきて定着し、身近なものになっているケースも……。この章では、そんな身近な生き物を取り上げます。地図のイラストはおもなものだけですが、いろいろな生き物が世界で外来生物として生きています。

タヌキ

Nyctereutes procyonoides ネコ目 イヌ科

自然分布	東アジア
移入分布	ヨーロッパ
大きさ	体長50〜60cm
生息地	山地、市街地
影響	在来生物
その他の特徴	狩猟

ベラルーシで生息するタヌキ。edmon/Shutterstock.com

夏毛のタヌキ。feathercollector/Shutterstock.com

毛皮目的の狩猟動物として広まる

　日本では、里山の動物としておなじみのタヌキ。タヌキは、雑食性で小型の動物や果実などを食べるほか、農作物や人の残飯なども食べ、市街地でも暮らすことができます。

　もともとヨーロッパにはすんでいませんでしたが、1920〜1950年代にかけて、中国大陸東部のタヌキが、毛皮をとるための狩猟動物としてソビエト連邦（今のロシア）に持ちこまれました。すると、その適応力の高さから、東へ北へと広がり、中部ヨーロッパに到達。現在も南西に生息域を広げています。狩猟によって、ある程度、増殖はおさえられていますが、すでに定着してしまったタヌキを根絶することは困難です。

　タヌキは、ヨーロッパ在来の水鳥やライチョウなどの鳥類の卵やひな、希少な小動物なども食べてしまい、その存在がおびやかされています。また、在来種のヨーロッパアナグマやアカギツネ（→88ページ）と食べ物で競合します。

ヨーロッパでは狂犬病の主要な媒介者

タヌキは、皮膚病の疥癬や、ネコ目に多大な影響をおよぼす犬ジステンパー（→82ページ）、さらには狂犬病を媒介し、ヨーロッパではタヌキが狂犬病の主要な媒介者となっています。

狂犬病は、人がかかると死亡率ほぼ100%のおそろしい病気です。対策は、人とタヌキが接触しないようにすることぐらいしかできません。タヌキがよってこないように、ペットのえさを外に放置しないなどして、気をつけます。

狂犬病にかかると…
- 高熱
- 強い不安感
- 水を見るとけいれん
- 一時的な錯乱
- 冷たい風でけいれん
- 身体のまひなど

狂犬病の発生状況

- 狂犬病の発生していない地域
- 狂犬病発生 100人以上の地域
- 狂犬病発生 100人以下の地域

出典：WHO Weekly epidemiological record 15 JANUARY 2016, 91th YEAR

世界保健機構（WHO）によれば、全世界で毎年3万5000～5万人が狂犬病によって亡くなっています。ヨーロッパでは、とくに東側で現在も流行しています。日本では、海外で感染して入国した例を除き、1957年以降の感染は報告されていません。

タヌキとアライグマの見分け方

タヌキとよくまちがえられる動物に、アライグマがいます。アライグマも、同じころ、同じ目的で北アメリカからヨーロッパに持ちこまれました。日本にも定着している外来生物です。2種の見分け方を見てみましょう。

アライグマ
- 長いしっぽは黒いしま模様
- 耳のふちは白い
- 手足は黒くない
- 白いひげが目立つ

タヌキ
- しっぽは短い
- 耳のふちは黒い
- 眉間に黒い筋
- 手足は黒い
- ひげは黒い

ニホンジカ

Cervus nippon ウシ目 シカ科

自然分布	ベトナム〜東アジア
移入分布	ヨーロッパ、オーストラリア、ニュージーランド、アメリカ など
大きさ	体高65〜109cm
生息地	森林、草地
影響	環境破壊　在来生物
その他の特徴	狩猟

イギリス南部、ブラウンシー島のニホンジカ。by Peter G Trimming

もっとも破壊的なほ乳類⁉

ニホンジカは、19〜20世紀にかけて、ヨーロッパ、ニュージーランド、アメリカに狩猟動物として持ちこまれました。海を泳ぐこともできるため、島国のイギリスでは、海をわたって各地に広がっています。

自然では草や木の葉、ササなどを食べますが、農作物も食べるため、農業ではしばしば害獣とみなされます。移入先でも、農林作物への被害のほか、若芽を食べるために植生が破壊されたり、市街地への進出にともなう交通事故が起きたりして問題化しています。

個体数が増え、生息密度が高まるとともに問題は深刻化し、ヨーロッパではその環境や経済への影響の大きさから、もっとも破壊的なほ乳類の一つとみなされています。

ニホンジカのオス。Pavlo Burdyak/Shutterstock.com

ブラウンシー島近くのアルネ半島のニホンジカ。by Julie anne Johnson

🦌 在来種との交雑が起きる

イギリスのニューフォレストには、アカシカ、ノロジカという2種の在来種以外に、ニホンジカをはじめ、ダマシカ、キョンという3種の外来種のシカが生息しています。在来種と外来種が高密度で混在すると、両種のあいだで子どもが生まれる「交雑」が起き、種の汚染が心配されています。

交雑を防ぐには、狩猟でシカ類が増えすぎないようにしなくてはなりません。イギリスなどでは、シカ肉を食べる試みがすすめられ、ニホンジカの肉も食べられています。

アカシカとニホンジカの交雑

アカシカ
Matt Gibson/
Shutterstock.com

ニホンジカ
MaZiKab/
Shutterstock.com

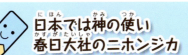

交雑種
by Joe King

イギリスでのアカシカとニホンジカの分布

アカシカ

ニホンジカ

出典:"Deer Distribution Survey 2011 (Sika Deer & Red Deer)" The British Deer Society

日本では神の使い 春日大社のニホンジカ

奈良県の春日大社には、シカが神の使いとされる神鹿思想があり、奈良公園で手厚く保護されています。かつては密猟すると死罪になったとか。現在も天然記念物として1000頭ほどが生息しています。

ヤギ

Capra hircus クジラ偶蹄目 ウシ科

日本の侵略的外来生物ワースト100
世界の侵略的外来生物ワースト100

自然分布
移入分布

自然分布	西アジア
移入分布	世界中
大きさ	体高40～100cm
生息地	さまざまな環境に適応

影響 環境破壊　その他の特徴 食用

ハワイ諸島のカウアイ島で野生化したヤギ。Fremme/Shutterstock.com

ヤギのメス。Jim Nelson/Shutterstock.com

世界最悪の動物⁉

ヤギは厳しい環境に強く、毛も肉もミルクも利用できるため、世界的に重宝されている家畜です。野生ヤギが約1万年前に家畜化されたものですが、人の移動が盛んになるとともに世界に広がりました。とくに18世紀以降は、ジェームズ・クックに代表されるヨーロッパの探検家や入植者によって、海を越え、遠くの島々にも運ばれました。

ヤギは大量の草木やその根を食べるため、ほかの草食動物の食べ物までうばい、その生息をおびやかすことがあります。また、希少な植物も食べて、現地の植生に壊滅的なダメージをあたえます。植物を食いつくすと、その根で押さえられていた土壌が崩れ、海に流れ出ることがあり、環境破壊も起こります。生態系への被害は世界最悪ともいわれるほどです。

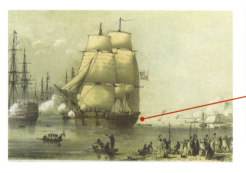

18世紀に遠洋航海に使われたディスカバリー号。食料のためのヤギを積んでいた。ハワイには、1778年に寄港している。

ヤギが引き起こす主な被害

🐐 ガラパゴス諸島や小笠原諸島でも問題に

　ヤギは生息数の80％を駆除しても、4年以内でもとにもどるというほど繁殖力が強く、固有の生態系をもつ島々ではとくに被害が深刻です。たとえばガラパゴス諸島では、ヤギのせいで食べ物がなくなり、ガラパゴスゾウガメなど、多くの固有種が絶滅の危機にひんしたため、およそ27万頭のヤギが駆除されました。

　小笠原諸島へは19世紀初期に持ちこまれ、環境破壊が深刻です。被害削減のため、檻や罠、銃などによる捕獲、生息地を分断する柵の設置などの取り組みが行われています。

▲ヤギが草と根を食べてしまい、赤い土壌が露出してしまった小笠原諸島の父島。
ナベナベ／PIXTA(ピクスタ)

▶絶滅の危機にひんしたガラパゴスゾウガメ。
Scratch Video/Shutterstock.com

ハワイ島のヤギの墓場

　ハワイ島にも多くのヤギが生息していますが、ここには「ヤギの墓場」と呼ばれる場所があります。それはマウナケア山頂付近の噴火丘で、ヤギは死期が近づくと、なぜか草がなく、水さえもない山頂に向かって登り始め、噴火丘の頂上で死んでしまうといいます。

マウナケア山頂付近の噴火丘と、ヤギの白骨。
ⓒ国立天文台

クマネズミ

Rattus rattus ネズミ目 ネズミ科

世界の侵略的外来生物ワースト100

自然分布 ● / 移入分布 ●

自然分布　インドシナ半島
移入分布　世界中
大きさ　　体長15～24cm
生息地　　ビルや天井裏などの高所、森林
影響　　　環境破壊　在来生物　病気

大きくてするどい歯で、壁や電線など、何でもかじってしまう。
by CHUCAO

木の実をかじるクマネズミ。crossfade / PIXTA（ピクスタ）

🐀 停電や火災、感染症の原因!?

　人の家にすむネズミには、クマネズミやドブネズミがいます。台所など水場を好むドブネズミと違い、クマネズミはビルや天井裏などの乾燥した高所を好み、よりすばやく立体的に行動するネズミです。

　古くから交易など人の移動とともに広がり、現在は世界中に生息しています。日本にも、弥生時代に侵入したと推測されています。

　市街地では、クマネズミが電線やガス管をかじったり、電子機器の内部でおしっこをしたりして、停電や火災、爆発事故を起こすなど、予期せぬ大きな被害を招きます。また、腎症候性出血熱（HFRS）やレプトスピラ症などのネズミ由来感染症を媒介します。

クマネズミの侵入経路

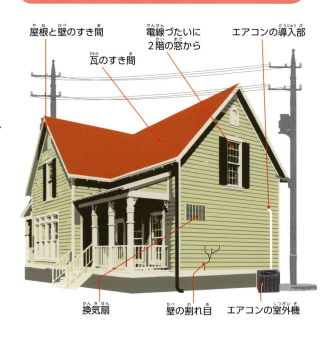

屋根と壁のすき間
瓦のすき間
電線づたいに2階の窓から
エアコンの導入部
換気扇
壁の割れ目
エアコンの室外機

クマネズミが引き起こす主な被害

卵やひなを食べる / 電線をかじる / 電子機器におしっこをかける / 感染症を媒介
・腎症候性出血熱
・レプトスピラ症
・サルモネラ症
など多数…

希少生物に壊滅的な被害！

　固有の生態系をもつ島々に侵入すると、その被害は甚大です。クマネズミは穀物や果実、植物の葉や茎を食べるだけでなく、鳥類の卵やひな、イグアナやウミガメの卵、孵化した子ガメ、カタツムリなども食べてしまいます。また、媒介した感染症が在来種に感染し、病気で大量死することも少なくありません。

　ニュージーランドや小笠原諸島では、クマネズミ用の毒入りのえさをまくなどの方法で根絶に成功しました。

進化したネズミ、スーパーラット

　クマネズミ駆除につかわれる殺鼠剤は、ワルファリンが有効成分です。しかし殺鼠剤の多用により、それに抵抗する遺伝子をもった「スーパーラット」が出現しました。それに対し、より強力なスーパーワルファリンの殺鼠剤が出回ると、これにも抵抗力を持つクマネズミが現れました。

クマネズミが壊滅させた生き物たち

　オーストラリア領クリスマス島のブルドックネズミとクリスマスクマネズミは、クマネズミが媒介した感染症が絶滅の一因だと考えられています。また、コウモリ以外のほ乳類がいなかったニュージーランドでも多数の種の絶滅にかかわった疑いがあります。小笠原諸島の北硫黄島のクロウミツバメも、クマネズミの侵入で生息地が壊滅しました。

ブルドックネズミ

クリスマスネズミ

クロウミツバメ

マガモ

Anas platyrhynchos カモ目 カモ科

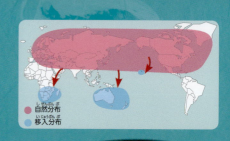

自然分布　北半球
移入分布　ハワイ、オーストラリア、ニュージーランド、南アフリカなど
大きさ　　全長50〜65cm
生息地　　湖沼、池、河川など
影響　　　在来生物
その他の特徴　狩猟

群れをなして飛ぶマガモのオス。GUIDO BISSATTINI/Shutterstock.com

ハワイで深刻なカモの交雑

　渡り鳥のマガモは、長距離を移動する鳥です。夏に寒い地域で繁殖し、ハワイにも冬にやってきますが、その時期は繁殖期ではなく、在来種と交雑することはありませんでした。
　ところが、19世紀の終わりごろから観賞用に、20世紀半ばには狩猟用に大量に持ちこまれると、1年中ハワイで暮らし、繁殖するようにな

マガモのメスと子ども。
Mateusz Sciborski/Shutterstock.com

りました。すると、固有種ハワイマガモと交雑が起きました。ハワイマガモは現在約2000羽いるとされますが、なかにはマガモと交雑した個体も多数ふくまれています。

マガモとハワイマガモの交雑

マガモ

Gloria V Moeller/Shutterstock.com

交雑種

©Floyd A.Reed

ハワイマガモ

by Dick Daniels

マガモが交雑する数々の鳥たち

世界中のカモが消滅の危機?

マガモはほかのカモ科の鳥と交雑しやすく、世界中で交雑例が報告されます。たとえば、マガモの亜種メキシコマガモは、マガモとの交雑が進み、もはや単一種と見なされていません。ニュージーランドのマミジロカルガモも、純粋なものは5%もいないとされています。ほかにもアメリカガモ、マダラガモ、シラボシガモ、キバシガモ、マダガスカルガモなどとの交雑の報告があります。

また、マガモは鳥インフルエンザウイルスを運ぶこともわかっており、注意が必要です。

もとはみんなマガモだった!

アヒルは、中国でマガモが家禽化されたものです。日本やヨーロッパでさらに品種改良されて、さまざまな品種が誕生しました。なかでも、マガモによく似たアヒルのことは、アオクビアヒルと呼びます。

さらに、マガモとアオクビアヒルを交配したものは、アイガモと呼ばれ、水田に放して雑草を食べてもらう合鴨農法などで利用されます。

オシドリ

Aix galericulata カモ目 カモ科

自然分布
移入分布

自然分布	東アジア周辺
移入分布	ヨーロッパ、アメリカ、南アフリカなど
大きさ	全長41〜48cm
生息地	湖沼、池、河川など
影響	在来生物

イギリスのリッチモンド公園で親しまれているオシドリ。うしろにはマガモも。by Cristian Bortes

オシドリのオス（右）とメス。
Alla Koval/Shutterstock.com

巣作り場所を争う

美しい羽を持つオシドリは、ほかのカモ類とは異なり、大木にできた穴に巣を作る習性があります。本来は、日本など東アジアのみに生息しますが、18世紀以降、アメリカ合衆国、ヨーロッパなどに観賞用として持ちこまれ、人々に親しまれています。

とくにオシドリが増えたのがイギリスです。巣作りに使う穴の開いた木をめぐって、ほかの動物との競合が確認されています。これまでにヒメモリバト、コキンメフクロウ、モリフクロウ、メンフクロウ、ニシコクマルガラス、チョウゲンボウ、シジュウカラ、マガモ（→26ページ）、ホオジロガモ、カワアイサ、トウブハイイロリス（→111ページ）などで競合が確認されました。ただし、それが在来種の減少を招いているとまではいい切れず、ほかの移入種に比べて、いまのところ悪影響は低いといわれています。

巣作りの場所をとられそうな動物たち

やめてよー！

トウブハイイロリス
icedmocha

シジュウカラ
Bachkova Natalia

モリフクロウ
Martin Prochazkacz

マガモ
rck_953

ニシコクマルガラス
Ulmus Media

すべてShutterstock.com

スズメ
Passer montanus　スズメ目　スズメ科

Johannes Dag Mayer/Shutterstock.com

自然分布	ヨーロッパ〜東アジア
移入分布	オーストラリア、カナダ、アメリカなど
大きさ	全長15cm
生息地	人家周辺、農耕地

イエスズメ
Passer domesticus　スズメ目　スズメ科

Sharon Day/Shutterstock.com

自然分布	ヨーロッパ、中央アジア、中東、ロシア、インド、東南アジアなど
移入分布	南北アメリカ、アフリカ、オーストラリア、ニュージーランドなど
大きさ	全長16cm
生息地	市街地、住宅地
影響	在来生物

2種ですみ分けする

　スズメは、日本の市街地で見られる身近な鳥です。一方、イエスズメは、スズメより若干大きく、頭部が灰色で、頬に黒い模様がなく、日本ではほとんど見られません。

　しかし、ユーラシア大陸には、両種とも広く分布しています。両種がともに生息するヨーロッパでは、イエスズメが市街地に、スズメは農村部に生息しています。そのため、英語ではイエスズメがハウススパローで、スズメはツリースパローといいます。

　イエスズメは、人の移動とともに世界各地に広がりました。アメリカ合衆国では、ルリツグ

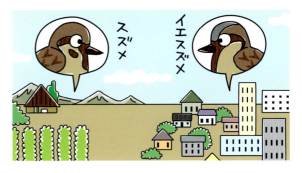

ミやチャバラマユミソサザイ、キツツキ類、イワツバメ類などはイエスズメと食べ物などが競合するため、生息地がうばわれています。

　アメリカにはスズメも人為的に移入されていますが、生息地は広がらず、在来種への被害は今のところ確認されていません。

カワラバト

Columba livia ハト目 ハト科

日本の侵略的外来生物ワースト100

David Byron Keener/Shutterstock.com

自然分布	アフリカ北部～中国西部
移入分布	世界中
大きさ	全長35cm
生息地	市街地、農耕地
影響	環境破壊
その他の特徴	食用

🕊 人のいるところが好き

「ドバト」の名でもおなじみのカワラバトは、雨の当たらない人工建造物の中などに巣を作るため、市街地に多く生息しています。植物の種や昆虫などを食べるほか、人の食物もよく食べるため、食べ物に困るということがあまりないようです。

食用や伝書用、観賞用として人に利用されて広がり、現在は世界中に分布しています。日本にも、飛鳥時代くらいまでには持ちこまれ、全国的に定着しています。

シラコバト

Streptopelia decaocto ハト目 ハト科

Aleksej Zhagunov/Shutterstock.com

自然分布	北アフリカ～中央アジア
移入分布	ヨーロッパ、北アメリカ、日本など
大きさ	全長33cm
生息地	市街地、農耕地
影響	環境破壊、病気
その他の特徴	狩猟

🕊 日本の天然記念物にも

シラコバトは、日本では関東地方に生息する鳥で、江戸時代に定着したと考えられています。1956年に「越ヶ谷のシラコバト」が国の天然記念物に指定され、埼玉県の県鳥として親しまれています。カワラバトよりも農耕地に近い環境を好みます。

もともと北アフリカから中央アジアに広く生息していましたが、狩猟用としてヨーロッパや北米にも持ちこまれ、世界中に広がりました。

埼玉県マスコット「コバトン」

えさやりに罰金

ハトは、ふん害や農作物の被害、伝染病を媒介するなど、人への影響が大きい鳥です。

イギリスのトラファルガー広場では、地元の人や観光客がえさをあたえてしまうためカワラバトが大発生し、そのふん害に悩まされてきました。そこで2003年に、ロンドン市では条例でえさやりを禁止し、違反者に罰金を科すようにしました。また、広場では鷹匠がやとわれ、タカを使って追いはらうことも行われており、一時5000羽ともいわれたハトは、現在ではだいぶ数を減らしています。

トラファルガー広場をうめつくしていたハト。
©iStockphoto.com/richardp

ハトを監視するタカ（左）。
Nektarstock/Shutterstock.com

えさやりを禁止する看板（右）。
by Fimb

ハトのふんの問題

- 感染症
  ・オウム病
  ・クリプトコッカス症
  ・トキソプラズマ症
  ・ニューカッスル症　など…
- くさい…
- アレルギー
- 金属をとかす
- きたない

ハトがきらいな銅像のなぞ

金沢大学の廣瀬幸雄先生は、兼六園の日本武尊の銅像にハトのふんがついていないことに気づき、理由を調べました。すると、銅像のヒ素の含有量が高いためにハトがきらうことがわかり、2003年、この研究でイグノーベル賞を受賞しました。

コラム 散歩に出かければ、外来生物だらけ！

身近な外来生物を探してみよう

家を一歩出ると、そこは外来生物と在来生物が混ざり合う、生き物たちの世界です。在来生物か外来生物かは、採集したり写真にとったりして、図鑑などで調べてみましょう。日本の外来生物は、国立環境研究所の「侵入生物データベース」(https://www.nies.go.jp/biodiversity/invasive/index.html) にもたくさん掲載されています。

コイ

Cyprinus carpio コイ目 コイ科

自然分布	アジア～ヨーロッパ
移入分布	東南アジア、オーストラリア、北米、南米、アフリカなど
大きさ	全長100cm
生息地	湖沼、池、河川など
影響	環境破壊　在来生物
その他の特徴	食用

イリノイ川で飛びはねる、ハクレン、コクレンの2種のコイ。
©Alamy/PPS通信社

ハクレン Yaping/Shutterstock.com

コクレン Krasowit/Shutterstock.com

🐟 水質浄化のはずが環境破壊！

　20世紀後半ごろから、アメリカ合衆国やカナダ、オーストラリアなどで、コイが繁殖するようになりました。繁殖しているのは日本にも移入している、コクレン、ハクレン、ソウギョなどの「アジアン・カープ」と呼ばれるコイ科の魚です。

　アメリカ南部では1970年代、養殖池のプランクトンを食べさせて水質を浄化しようと、コイが持ちこまれました。それが洪水で川ににげ出してしまうと、天敵が少ないために爆発的に繁殖。アメリカ最大の河川であるミシシッピ川を北上して増え続けました。

　在来の魚類よりも低酸素状態や汚濁に強く、現在、アメリカ東部を中心とする23州に広く生息し、五大湖にも侵入しはじめています。

アメリカ東部に広がるコイ

・ソウギョが見つかるところ
■ ハクレンとコクレンが見つかるところ
（幼魚や卵もふくむ）

出典：K.Baerwaldt,A.Benson,K.Irons "Asian Carp Distribution in North Americai" (2014)
Date Sources USGS and Illinois Dept of Natural Resources

コイが増えすぎてこまったこと

🐟 40億円の電気バリアを設置

　繁殖力の強いコイは、在来魚を食べて数を減らし、在来魚が減ると、それを食べる水鳥などにも悪影響をおよぼします。

　アメリカでは、おどろくと飛び上がるコイの習性を利用した電気漁や、大規模な柵の設置など、大胆な対策がとられています。なかでも圧巻なのは巨大な「電気バリア」。陸軍の工兵隊が、五大湖の一つ、ミシガン湖へのコイの侵入を防ぐため、水路に電流を流す巨大な装置を約40億円かけて設置しました。維持費が毎年2億円発生していますが、それでもいまだ完全に防ぐことはできていません。

　一方、地元水産加工会社によって食用として活用する取り組みも行われています。

天敵であるアリゲーターガーを放つ計画もある。
Eugene Sim/Shutterstock.com

電流を流し、川の上層を泳ぐコイをおどろかせて、飛び上がったところをあみで捕獲する。
U.S. Coast Guard photo by Lt. David French.

電気バリアをはりめぐらせ、コイの侵入をふせぐ。
©Alamy/PPS通信社

🏷️ オーストラリア「カーパゲドンの日」

　1859年にオーストラリアに持ちこまれたコイは、オーストラリアの在来魚に大きな被害をもたらしています。政府はとくに被害の大きいマレー・ダーリング川流域にコイヘルペスウイルスを放ち、コイの個体数の7〜8割を削減する計画を発表しました。世界最終戦争のことをアルマゲドンと呼びますが、コイを大量に減らすこの計画は、カーパゲドンと呼ばれています。

ビクトリア州で湖が干上がって、死んだ大量のコイ。
by Ed Dunens

キンギョ

Carassius auratus コイ目 コイ科

イギリスのリンカンシャー州の池でとられたキンギョ。Paul Broadbent/Shutterstock.com

自然分布	東アジア
移入分布	アメリカ、カナダ、ヨーロッパなど、日本など
大きさ	最大全長40cm以上
生息地	湖沼や河川
影響	環境破壊
その他の特徴	ペット

野外でキンギョが巨大化！

　世界中で、観賞魚として親しまれているキンギョ。中国でフナの一種を品種改良したもので、日本には室町時代に渡来しました。現在は、世界でも人気があり、飼育中ににげ出したり、飼えなくて放流されたりしたことで、各地で繁殖しています。

　水温の変動や低酸素状態に強く、条件が整えば爆発的に繁殖します。水槽で飼育されているキンギョの体長が5〜15cmほどなのに対し、野外では40cm以上に成長することもあります。寿命も長く、飼育下で30年生きたという例もあるそうです。

　プランクトンや水草を食べることで在来の魚と競合し、また巻貝や水生昆虫、魚類の卵や稚魚、小型の魚なども食べるため、多くの生物に影響がおよびます。

キンギョの祖先は？

　今から約2000年前、突然変異で赤くなった中国南部のフナの一種を原種として、品種改良したものがキンギョです。長年、どの種がもとになったかはわかっていませんでしたが、2008年、東海大学と国立遺伝学研究所の共同チームの研究により、ギベリオというフナが祖先だということがわかりました。

　そこからオランダシシガシラ、シュブンキン、クロデメキン、チョウテンガン、ランチュウの5グループに分かれ、さらにさまざまな形の品種が生まれたということです。

こんなにも大きくなる

2cm

🐟 水生植物の成長を妨げる

キンギョには、食べ物を探して水底をつつく習性があり、このとき泥を巻き上げます。すると、泥の中にたまっていた栄養分が拡散して藻類の成長が促進され、「水の華」と呼ばれる大発生を起こすことがあります。

泥や藻類により光がさえぎられると、湖や池では水生植物がかれ、水質汚染が進みます。

また、キンギョはコイヘルペスウイルスなどの病気を媒介することもあり、増殖するのは好ましくありません。基本的には、飼育下から自然界に出てしまったものですから、生きたまま川や池に放さず、また養殖場などではにげ出さないようにすることが大切です。

藻が大発生した「水の華」。光が水中に届かなくなる。
by NOAA Great Lakes Environmental Research Laboratory

🏷️ トイレに捨てないで

カナダのアルバータ州では、水生生物を「放流しないで」というキャンペーンを行っています。州の法律でキンギョを含む52の生物が放流禁止リストに登録されており、放流すると10万ドル以下の罰金か1年の禁固刑を受けます。飼えなくなったらペットショップに返すか、学校などに寄付することを推奨し、死んだ場合にも感染症を防ぐためにトイレには流さず、土にうめるように案内しています。

アルバータ州は、ホームページでキンギョなどのペットを湖などに放さないでと呼びかけている。

ハナミノカサゴ

Pterois volitans 　カサゴ目　フサカサゴ科

自然分布
移入分布

- 自然分布　インド洋〜西太平洋
- 移入分布　メキシコ湾、カリブ海ほか
- 大きさ　全長 30cm
- 生息地　沿岸の岩礁域、サンゴ礁
- 影響　環境破壊　その他の特徴　食用　毒

カリブ海で外来種であるハナミノカサゴをダイバーが捕獲している。
Shane Gross/Shutterstock.com

🐟 フロリダから広がる

　ハナミノカサゴは、1992年、大規模ハリケーン「アンドリュー」がアメリカ合衆国をおそうさなか、フロリダの水族館から6匹がにげだし、海に定着しました。ほかにも、愛好家が飼育していたものを放流したと推測されています。年間200万個もの卵を生むため、急速に増えていきました。

　どん欲な捕食者で、30分で20匹もの小魚やエビなどを食べ、自分の3分の2もの大きさの魚も食べてしまいます。その際、胃の大きさは、何も食べていないときの30倍にもなるそうです。

ハナミノカサゴ　Vladimir Wrangel/Shutterstock.com

移入地域での広がり

1985　アメリカ　北大西洋　メキシコ湾　カリブ海　→　2014

ひれの毒で無敵状態

ひらひらしたひれにはとげがあり、強い毒があります。そのため、サメなどの一部を除いてほとんど天敵がいません。人も刺されると激痛が走り、赤くはれ上がります。

太平洋ではサメなどに食べられ数が保たれていましたが、大西洋のサメは、よく知らないハナミノカサゴを警戒して食べません。

減らすための積極的な対策

現在カリブ海では、1㎢あたり5万匹ものハナミノカサゴが生息し、すでに駆除が不可能なため、これ以上増えないように対策しています。この海域では通常、漁は許可制ですが、やすを使ったハナミノカサゴ漁は自由に行ってよく、また、ロボットでつかまえる技術も開発中です。

大西洋のサメに、ハナミノカサゴを食べてもらうよう、訓練する計画もあります。

とはいえ、人が食べることが一番有効な手段です。ハナミノカサゴは白身でおいしいだけでなく、オメガ3という栄養が豊富で注目されています。バター焼きや寿司などがおすすめだそうです。

ハナミノカサゴに刺されたら

ハナミノカサゴは、サンゴ礁などにいるため、日本でもダイビングをすると出会うことがあります。さされたときは、毒をしぼり出し、やけどしない程度の熱めのお湯につけると、痛みが和らぐといわれています。なるべく早く、近くの病院で見てもらいましょう。

ミノカサゴ対策のいろいろ

①ダイバーがつかまえる

やすをつかって、ダイバーたちが捕獲する。

by MyFWCmedia

③サメに食べさせる

現地のサメはまだよくしらないハナミノカサゴをあまり食べないため、味を覚えさせ、食べるようにしむける。

②ロボットでつかまえる

開発中の駆除ロボット。先端の電極で魚を失神させ、中のかごに取り込む。

④人間が食べる

日本では食べられているミノカサゴ。現地の人も食べるようになれば、漁業産業に発展して、たくさんのミノカサゴが漁獲される。写真はミノカサゴ料理を食べるキューバの人。

AFP＝時事

モツゴ

Pseudorasbora parva コイ目 コイ科

ルーマニアでつり上げられたモツゴ。by Melania

自然分布	日本、中国、朝鮮半島、台湾
移入分布	ヨーロッパ
大きさ	全長 8cm
生息地	川、用水路、ため池、水田など
影響	環境破壊
その他の特徴	在来生物

よごれた水でも繁殖できる

　モツゴは、ある程度よごれた水でも平気で生きていくことができるため、川の下流や用水路などでよく見られます。また環境の変化にも強いのが特徴です。口が受け口で小さく、関東ではクチボソとも呼ばれます。

　ヨーロッパには、1960～1970年代に持ちこまれました。つい最近まで観賞魚としてあつかわれており、飼えなくなった観賞魚を放流したり、体が小さいため意図的に移入したほかの魚に混じったりして、侵入したようです。たとえば、増えすぎる水草のコントロールのために移入された、中国産の大型淡水魚のハクレン、コクレン（→34ページ）、ソウギョなどとともに移入されたケースが知られています。また、観賞用に育てていた養殖場の移転によって広がることもありました。

　ヨーロッパでは、この50年でほぼ全域に分布を広げ、イギリスには1980年代に侵入したと見られています。

　とにかく繁殖力が旺盛で、在来魚の卵や稚魚を食べたり、食べ物をめぐって在来魚と競合したりして、生態系を乱しています。そして、在来の近い仲間と交雑し、それらが在来魚をおびかすことも起きているようです。

　またモツゴは、80種以上の寄生虫を宿すことが知られています。なかには伝染性のものもあり、サケ・マス類の養殖場に混入して被害をあたえています。その他、ウイルス、鞭毛菌類などを在来魚に広げ、問題となっています。

モツゴについて、サケに被害をあたえる、寄生虫の一種。
by Kristen D. Arkush

水を酸素不足にする

モツゴの食べ物の中には、動物プランクトンもふくまれています。モツゴが動物プランクトンを食べてその数が減ると、それらが食べていた植物プランクトンが大発生します。やがて、植物プランクトンの大量の死がいが水の底に沈殿すると、それを分解するために酸素が消費され、水が酸素不足になって、大型の生き物からいなくなっていきます。

モツゴの自然の川や湖沼への侵入を防ぐには、まず放流をしないこと、それから水そう飼育なら水草でさえ気軽にすてないようにすることです。水草には卵がついている可能性もあります。

モツゴは体が小さくて網での捕獲はむずかしく、いったんはびこるとやっかいです。池や沼で駆除する際は、在来の生き物を保護したうえで薬剤を投入し、モツゴを駆除しています。

イギリス、ロンドンのクリスソールドパークでは、薬剤によるモツゴ撲滅作戦に乗り出した。by David Holt

モツゴによる環境の変化

モツゴが動物プランクトンを食べて、卵を産み、増える。

動物プランクトンが減り、動物プランクトンが食べていた植物プランクトンが増える。

植物プランクトンの死がいが沈殿し、それを分解するため、酸素を大量に消費。富栄養化。

多くの魚が、酸素不足で死ぬ。

ぼくはまだ平気なんだけど…

カラフトマス

Oncorhynchus gorbuscha サケ目 サケ科

カラフトマスの群れ。by USFS Joe Serio

自然分布	北太平洋
移入分布	アメリカ・カナダ（五大湖）
大きさ	全長75cm
生息地	海
影響	在来生物
その他の特徴	食用

🐟 サケ・マス類の中でもっとも資源量が多い

　カラフトマスはピンクサーモンとも呼ばれ、サケ・マス類の中でもっとも資源量が多い種です。一般的に、海へ下るサケ・マス類がふ化後しばらく川で生活してから海で1〜5年暮らすのに対し、カラフトマスはふ化後すぐに海へ向かいます。そして1年半で成熟し、産卵のために川を遡上します。つまり、カラフトマスは、同じ年に生まれたもの同士でしか交配しません。

　その代わり、ほかのサケ・マス類が生まれた川でのみ産卵するのに対し、カラフトマスは、生まれた川でない川にも遡上します。いろいろな川出身のもの同士で交配することで、数を安定して保っているようです。

　サケ科の魚はしばしば交雑することがあり、自然界では、何らかの原因で、異なる2種の産卵場所がせまい範囲に限られてしまった場合に起きると考えられています。日本では、カラフトマスとシロザケの交雑が確認され、「サケマス」と呼ばれます。オスとメスの種の組み合わせによって、生まれるサケマスの性別が異なるようです。

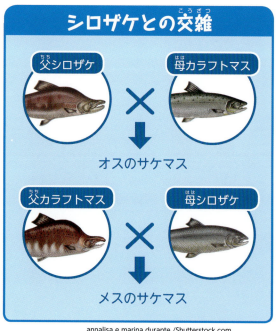

シロザケとの交雑

父シロザケ × 母カラフトマス → オスのサケマス

父カラフトマス × 母シロザケ → メスのサケマス

annalisa e marina durante /Shutterstock.com

川を遡上するカラフトマス。体が成熟し、婚姻色で赤みを帯びている。 Maksimilian/Shutterstock.com

🐟 淡水の五大湖でも自然繁殖

　本来は海で成長するカラフトマスですが、アメリカ合衆国の五大湖周辺では、淡水にもかかわらず、カラフトマスが移入され、定着しています。

　五大湖には、在来のタイセイヨウサケ（アトランティックサーモン）（→106ページ）がいたものの、19世紀の終わりには環境の変化により絶滅してしまいました。回復のため、1300万匹もの稚魚が放流されましたが、堰などの人工物で河川に遡上できず、効果は出ませんでした。

　一方、1956年に五大湖のスペリオル湖に2万匹放流されたカラフトマスは、そのまま自然繁殖するようになりました。1966〜1970年に放流されたギンザケ（コーホーサーモン）やマスノスケ（チヌークサーモン、キングサーモン）も、自然繁殖しています。

　その結果、ヒューロン湖にそそぐ川ではカラフトマス（ピンクサーモン）のオスとマスノスケ（チヌークサーモン）のメスとの交雑が起こるほどになりました。交雑した魚は「ピヌークサーモン」と呼ばれています。

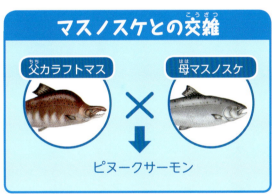
annalisa e marina durante /Shutterstock.com

知床半島の改良ダム

　自然界での交雑の原因には、砂防ダムや堰などで魚の遡上がさまたげられ、せまい範囲で異なる種が混じって繁殖してしまうなどが挙げられます。

　シロザケとカラフトマスの交雑が問題になった知床半島では、それを防ぐため、13基のダムで改良工事が行われています。ダムの落差をなくす、一部をスロープ状にするなど、魚が遡上しやすく改良し、よい結果が得られています。

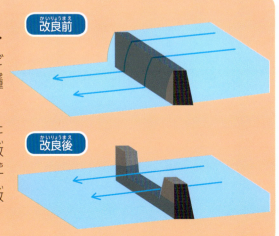

スズキ

Lateolabrax japonicus スズキ目 スズキ科

海で泳ぐスズキ。
feathercollector/Shutterstock.com

自然分布	日本や朝鮮半島沿岸
移入分布	オーストラリア、アメリカ、ヨーロッパなど
大きさ	全長100cm
生息地	海岸や河川
影響	在来生物
その他の特徴	食用

日本では刺身や寿司のネタとして人気。
Maffi/Shutterstock.com

🐟 多くの小型魚類を食べる

　大型肉食魚のスズキは、いきおいよく獲物に食いつくため、ルアーフィッシングの愛好家にも人気があります。

　スズキは、1980年代にオーストラリアのシドニー近海で見つかっています。バラスト水（→70ページ）に混入して、北太平洋からオーストラリアまで運ばれたと推測されています。

　スズキのような大型肉食魚は、移入の影響が大きいと予想されます。小型の魚類を大量に食べるため、さまざまな在来魚の個体数を減らすおそれがあります。また、同じような在来の大型肉食魚と、食べ物が競合することも考えられます。

　逆に、日本近海では、1990年ごろから、中国原産のタイリクスズキが見つかっています。養殖用に輸入され、海に出てしまったようです。タイリクスズキは成長が早く、体に斑点があるのが特徴で、オーストラリアのスズキ同様、その影響が心配されています。

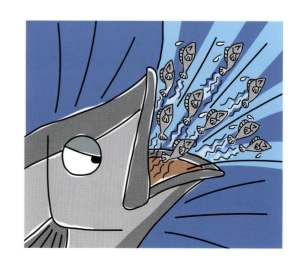

マハゼ

Acanthogobius flavimanus　スズキ目　ハゼ科

自然分布	東アジア
移入分布	アメリカ、南米、オーストラリア、ヨーロッパなど
大きさ	25cm
生息地	河川の下流〜汽水域、内湾
影響	在来生物
その他の特徴	食用

🐟 絶滅危惧のハゼも脅かす！

　マハゼは、海や川の底にいる生き物を食べる底生魚です。1960年代からアメリカ合衆国に、1970年代からオーストラリアに、どちらも船のバラスト水に紛れて侵入しました。

　移入したマハゼは、カリフォルニア在来の絶滅危惧種タイドウォーターゴビーなどと食べ物が競合したり、在来の希少生物を食べたりすることが心配されています。

アカオビシマハゼ

Tridentiger trigonocephalus　スズキ目　ハゼ科

自然分布	東アジア
移入分布	アメリカ、オーストラリア
大きさ	12cm
生息地	内湾などの汽水域
影響	在来生物
その他の特徴	食用

🐟 仔稚魚がバラスト水で拡散

　アカオビシマハゼもマハゼと同様、バラスト水にまぎれてアメリカやオーストラリアに移入しました。多くのハゼ類の仔稚魚は浮遊生活をするため、バラスト水にまぎれやすいのです。

　しかしバラストタンクは、ハゼ類にとってよい環境とはいえません。その環境でも、輸送先にたどり着くまで生き残れた、強い個体だけが侵入していると推測されます。

タウナギ

Monopterus albus　タウナギ目　タウナギ科

水路などで見られるタウナギ。
kxandxa / PIXTA(ピクスタ)

自然分布	朝鮮半島、中国、マレー半島、東インド諸島
移入分布	日本、アメリカ
大きさ	全長80cm
生息地	沼、用水路、水田など
影響	在来生物

アメリカでは、オオアオサギなどに食べられることもある。フロリダのエバーグレーズ国立公園にて。
by Judy Gallagher

🐟 地上を移動して新しい生息地をさがす

　水が干上がってもしめった泥の中で生きることができ、地上を移動します。アメリカ合衆国には食用あるいは観賞用に移入され、捨てられたり、洪水で野外ににげたりして定着しました。食べ物をめぐって、在来の魚や両生類と競合し、湿地帯の生態系を乱しています。駆除薬があまり効かないため、見つけたらつかまえるくらいしかできません。

ドジョウ

Misgurnus anguillicaudatus　コイ目　ドジョウ科

NOBU / PIXTA(ピクスタ)

自然分布	日本、朝鮮半島、中国、台湾
移入分布	ヨーロッパ、オーストラリア、アメリカなど
大きさ	全長20cm
生息地	平地の小川、浅い池や沼、用水路、水田など
影響	在来生物　その他の特徴　食用

🐟 酸素の少ない水でも平気

　観賞用や養殖魚のえさとして輸入され、世界各地に定着しました。酸素の少ない水でも生きられる強い生命力を持ち、水が干上がっても泥の中にもぐりこんで、腸で呼吸をしてたえられます。食べ物や産卵場所をめぐって在来魚と競合します。日本にも、遺伝的に異なる外国産ドジョウが移入しています。

ホソウミニナ

Batillaria cumingii 吸腔目 ウミニナ科

海岸の岩場について群生するホソウミニナ。
shimane / PIXTA（ピクスタ）

自然分布	日本、ロシア沿海州、朝鮮半島、中国など
移入分布	アメリカ、カナダなど
大きさ	殻高約3cm
生息地	潮間帯の砂底
影響	在来生物

カリフォルニアウミニナ
by H. Zell

🐟 養殖用カキにまぎれてアメリカへ

日本産ホソウミニナがアメリカ合衆国に侵入したのは、20世紀初めごろのことです。宮城県から養殖用カキにまぎれて運ばれ、西海岸に侵入しました。以来、優れた繁殖力、成長力で大発生し、在来のカリフォルニアウミニナなどを追い出しつつあります。

ホソウミニナには、二生吸虫という小さな寄生虫が感染しています。この寄生虫は鳥が最終的な宿主ですが、渡り鳥に感染してアメリカに運ばれ、現地のホソウミニナにも感染しているようです。そのため、ホソウミニナが新たな寄生虫病を広めるのではないかと、心配されています。

二生吸虫に操られる

ある二生吸虫に感染すると、ホソウミニナはすみかを変えることが知られています。これは二生吸虫が、次の宿主である魚に寄生しやすいよう、ホソウミニナを魚に食べられやすい場所に移るように操っているのだと考えられています。

二生吸虫の宿主の移動

卵からかえった二生吸虫は、第一中間宿主の巻貝の体内に入り、第二中間宿主をたどって、最後は終宿主の体内で卵を産む。卵はふんなどとともに放出される。

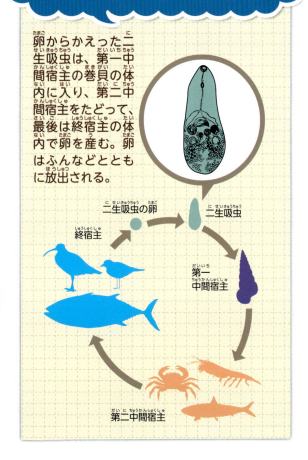

イソガニ

Hemigrapsus sanguineus エビ目 モクズガニ科

自然分布　西太平洋
移入分布　アメリカ、ヨーロッパ
大きさ　甲幅3.2cm
生息地　潮間帯の岩礁
影響　在来生物　環境破壊

アメリカの国立公園の調査で見つかった、イソガニ（上）。手のひらにのっているのは、ヨーロッパミドリガニ。by Erika Nicosia, NPS Photo

イソガニ

🐟 大量の小さな幼生が浮遊

エビやカニの仲間は、ふ化するとゾエア幼生となり、1か月ほど水中で浮遊生活をします。そのため、バラスト水（→70ページ）にまぎれやすく、また1匹のメスが1度に約5万個もの卵を抱き、繁殖期には3〜4回産卵するため、一度定着すると急速に増えます。

1988年以降、アメリカ合衆国東海岸で広がり、ヨーロッパでは1999年にフランスで発見されてから、ドイツ、スウェーデンなどに広がっています。

🐟 幅広い在来生物に影響

ヨーロッパ在来のヨーロッパミドリガニ、アメリカ東海岸在来のカニ類の生息地がイソガニに奪われています。さらにイソガニは在来の甲殻類、魚類、貝類などを食べ、生態系を乱します。

アジアからアメリカ東海岸へバラスト水を運ぶ船は、パナマ運河を通ります。パナマ運河は2016年に拡張工事が完成し、船舶の往来がさらに頻繁になるため、移入リスクが2〜3倍高まると心配されています。

津波が運ぶ外来種

2011年3月の東日本大震災の津波の後、アメリカには多くのがれきとともに、さまざまな生物が漂着しました。2012年6月にオレゴン州に漂着した巨大な浮桟橋には、特定されただけで265種もの生物が付いていました。その3割はオレゴン州にはいない種で、定着を防ぐためすべて削り取り、袋詰めにしてうめるなどの対策がとられています。

キヒトデ

Asterias amurensis キヒトデ目 キヒトデ科

自然分布	東アジア沿岸
移入分布	オーストラリアなど
大きさ	腕長約25cmまで
生息地	海岸近く
影響	在来生物
その他の特徴	食用

タスマニア近海で大量発生したキヒトデ。by CSIRO

🐟 大食漢のキヒトデが大量発生！

キヒトデはバラスト水にまぎれて運ばれ、1986年にオーストラリアのタスマニア島で発見されました。短期間に爆発的に増え、肉食性で大食漢なため、被害は甚大です。イガイやホタテガイ、アサリなどを好むほか、死んだ魚も食べます。タスマニアの固有種スポッテッドハンドフィッシュが卵を産み付けるホヤも食べるため、その絶滅が危惧されています。

スポッテッドハンドフィッシュ
by CSIRO

エボヤ

Styela clava マボヤ目 シロボヤ科

自然分布	東アジア
移入分布	オーストラリア、ニュージーランド、ヨーロッパ、北アメリカ
大きさ	全長16cmまで
生息地	潮下帯の海底
影響	環境破壊
その他の特徴	食用

🐟 イギリスで新種のホヤ？

1954年、イギリスで「ホヤの新種発見」が発表されました。しかし、日本の研究者が標本を調べ直したところ、東アジアから移入したエボヤと判明。第二次世界大戦後、日本の港に停泊したイギリス艦船に付着して運ばれたと推定されています。世界中に広がり、養殖場の構造物や船体にくっつき、やっかいです。

by Matthieu Sontag

コラム

みんな、おいしく食べている！
世界の外来生物料理

　外来生物は、日本ではあまり食べなくても、外国では人気の食材ということもあります。とはいえ、野生のものをつかまえて食べるのは病気や寄生虫が心配ですから、ほとんどの場合は食用に養殖されたものを食べています。
　さあ、世界の外来生物料理を見てみましょう！

ウチダザリガニ

フィンランドなどの北欧の国では、夏の恒例行事としてザリガニパーティーを楽しみます。もとはヨーロッパザリガニを使っていましたが、乱獲で数が減少しているため、輸入品のウチダザリガニを使うのが一般的です。ウチダザリガニは、エビとカニの中間のような味わいです。

フィンランド

アメリカザリガニ

アメリカ合衆国

アメリカ合衆国でもザリガニは人気の食材で、とくに南部で好まれています。写真は空軍が開いたフェスティバルの様子。こちらはアメリカザリガニを材料に、ソーセージやレモンとゆでて、食べる料理です。

U.S. Air Force photo by Kemberly Groue

ウシガエル

中華人民共和国

ウシガエルは、中国などの東アジア、ヨーロッパ、南アメリカなどで広く食べられている食材です。食感は鶏肉に似ていますが、味は白身魚のように淡白でとてもおいしい食材です。少し骨が多く感じますが、炒め物、唐揚げ、塩焼きなど、どんな調理法にも合います。

アナウサギ

フランス

ウサギは、フランスをはじめ、世界中で愛されている食材です。鶏肉のような食感でやわらかく、とてもおいしい肉です。写真はマスタードをぬって焼いてあります。ほかにも、塩焼きや煮込み料理にして食べます。

by Ryan Snyder

カワラバト

中華人民共和国

by Chitra sivakumar

ハトも世界で食べられている、おいしい食材です。中国以外にも、フランスなどで人気があります。鶏肉より赤っぽく、味がこいのが特徴です。

ナミテントウ

Harmonia axyridis　コウチュウ目　テントウムシ科

ナナホシテントウ

Coccinella septempunctata　コウチュウ目　テントウムシ科

いろいろな模様をもつナミテントウ。
YsPhoto / PIXTA(ピクスタ)

黒い斑点が7つある
ナナホシテントウ。
Lost Mountain Studio
/Shutterstock.com

自然分布	日本、シベリア、朝鮮半島、中国
移入分布	アメリカ、ヨーロッパなど
大きさ	体長5〜8mm
生息地	草地、林のふち、川の土手、畑地など
影響	在来生物　その他の特徴　生物農薬

自然分布	アジア周辺
移入分布	アメリカ、カナダ
大きさ	体長5〜9mm
生息地	草地、林のふち、川の土手、畑地など
影響	在来生物　その他の特徴　生物農薬

ほかの種の卵や幼虫を食べる

　ナミテントウは中型のテントウムシで、前翅の地色や斑点はさまざまなバリエーションがあります。ナナホシテントウも中型のテントウムシで、赤の地色に黒い斑点が7個あります。どちらも日本ではよく見られる種で、成虫で越冬し、春〜秋に活動します。肉食性で、成虫、幼虫ともにアブラムシをよく食べます。

　アブラムシの仲間は、しばしば大発生し、農作物や園芸作物の茎から養分を吸って弱らせる害虫です。それらを精力的に食べるナミテントウとナナホシテントウは、日本で益虫として愛されてきました。このアブラムシを食べる習性が注目されると、ナミテントウとナナホシテントウは、アブラムシを退治させる目的で、世界各地に移入されていったのです。

　ところが移入地で定着すると、その地にもとからいるテントウムシの卵や幼虫を食べることが問題になりました。たとえばアメリカ合衆国では、在来のフタモンテントウやココノホシテントウを圧迫し、生態系に大きな影響をあたえています。

最強！ナミテントウの防御術

とくにナミテントウは、生殖を始めるのが早く、長く繁殖するため、あっという間に増えることが心配されています。

また、ナナホシテントウのように、ほかのテントウムシの卵や幼虫を食べる種といっしょになっても、生き残るすべをもっています。ナミテントウの卵や幼虫の体内には、微胞子虫という単細胞生物が寄生していて、これがもつ病原体がナナホシテントウを殺すため、食べられないのだという研究があります。しかも、移入地にいる菌に抵抗する物質も体内で作れるため、生き残る能力が高いと言われています。

移入地での対策としては、殺虫剤をまくほかに、テントウムシのさなぎに寄生するノミバエの一種や、卵に感染する菌の一種などを導入し、駆除する方法が注目されています。

生物農薬には飛ばないナミテントウ

害虫対策のために導入する天敵を、生物農薬といいます。生物農薬は、環境にダメージをあたえる農薬の代わりとして評価されています。しかし、ナミテントウやナナホシテントウは、活躍してほしい場所から飛んでいってしまい、ほかの地域で繁殖し、生態系を圧迫することで問題になりました。そこで、遺伝子操作で飛ぶ能力を失ったナミテントウを開発し、広範囲に広がらないようにして、有効利用する研究が進められています。

フタモンテントウ
Christian Musat/Shutterstock.com

ココノホシテントウ
Steve Bower/Shutterstock.com

アブラムシが十分にない環境では、ほかのテントウムシの幼虫を食べることもある。

マメコガネ

Popillia japonica　コウチュウ目　コガネムシ科

自然分布	日本
移入分布	アメリカ、カナダ
大きさ	体長9～13mm
生息地	林のふち、草地、川の土手など

影響：環境破壊、農業

アメリカ合衆国イリノイ州の大豆畑をあらすマメコガネ。
Bloomberg/getty images

マメコガネ
HildeAnna/Shutterstock.com

侵入してなんと100年！

　コガネムシの仲間で、日本在来種です。土の中に産卵し、幼虫は土の中で暮らします。成虫は5～10月に現れ、さまざまな植物の葉や花を食べます。

　日本からアメリカ合衆国にマメコガネが侵入したのは古く、1916年にニュージャージー州で発見されていて、おそらく輸入の検疫が始まる1912年以前に、観賞用として輸入されたアヤメの球根、あるいは穀物にまぎれて入りこんだといわれています。以来、定着し、全米の30州以上に分布を広げています。

　日本ではカラス、モグラ、アリ、寄生バチ、寄生バエ、細菌、線虫など多くの天敵がいて、繁殖がおさえられていますが、アメリカではこれらの天敵が少ないことと、もともと食べ物を選ばず、300種以上の植物を食べることで定着したと考えられています。

バラの花も食べてしまう。Marie C Fields/Shutterstock.com

幼虫と成虫で異なる好物

幼虫は土の中で根を食べ、成虫になると葉や花、果実などを食べます。

芝などの草の根
ER_09/Shutterstock.com

ムシャムシャ

ほか300種以上

ブルーベリー
Andris Tkacenko/Shutterstock.com

トウモロコシ
funnyangel/Shutterstock.com

ダイズ
Michael Sapryhin/Shutterstock.com

カエデ
ClubhouseArts/Shutterstock.com

ラズベリー
LaineN/Shutterstock.com

ブドウ
Teri Virbickis/Shutterstock.com

バラ
Frank L Junior/Shutterstock.com

🐛 農作物や園芸作物に被害

　幼虫はゴルフ場・公園などの芝の根や、草花の根を食べ、成虫はダイズ、ブドウ、バラなどの農作物や園芸種の葉や花を食べて、大きな被害をあたえます。

　対策としては、手作業で取りのぞく、フェロモントラップでとらえる、殺虫剤をまくほか、幼虫に寄生するハチやハエ、線虫などの生物農薬や、幼虫に感染する細菌が導入されています。

根が幼虫の食害にあうと、芝の葉がかれてしまう。
SingjaiStock/Shutterstock.com

📎 マメコガネが敵国日本の象徴!?

　農作物や園芸種に打撃をあたえることから、アメリカでマメコガネは「ジャパニーズ・ビートル」と呼ばれて、最強の侵入害虫として恐れられてきました。太平洋戦争中には、「マメコガネを根だやしにするように、敵国日本をやっつけよう」と、敵国である日本の象徴のように扱われたほどでした。

ナミアゲハ

Papilio xuthus　チョウ目　アゲハチョウ科

自然分布	アジア周辺
移入分布	ハワイ
大きさ	前翅長 40〜65mm
生息地	平地〜山地の公園、草地、林のふちなど
影響	農業

ハワイでブーゲンビリアの蜜を吸う成虫。
©iStockphoto.com/Judy_Dautovich-Ralf_Hunsinger

柑橘の葉をかじる幼虫。
F_studio/Shutterstock.com

ハワイで唯一のアゲハチョウ

　ナミアゲハは、チョウが少ないハワイ諸島唯一のアゲハチョウとして移入、定着しています。はじめに1971年にオアフ島で、つぎに1974年にマウイ島で見つかりました。

　ナミアゲハがどうやってハワイ諸島にやってきたかは、はっきりわかっていません。しかし、小笠原諸島の固有種であるオガサワラシジミというチョウがハワイ諸島にいて、太平洋の貿易風にのってやってきたとされています。ナミアゲハも、日本あるいはグアムから同じように風にのってやってきたのではないかと推測されています。

　ナミアゲハの幼虫は、レモンなどの柑橘類の葉を食べるため、果樹園で大きな被害がでています。対策として、寄生バチや寄生バエが導入されて一時効果を上げましたが、現在ではその効果は不確かになっています。

変身する幼虫のなぞ

　ナミアゲハの幼虫はふ化後、4回脱皮してさなぎになります。はじめは白黒で鳥のふんのようですが、脱皮を終え5齢幼虫になると緑色に変身し、周囲の葉のように擬態します。これは幼虫の体内の幼若ホルモンの影響によるもので、ホルモンの濃度が5齢でうすくなることで、色が変わります。

3齢幼虫

サイカブト

Oryctes rhinoceros コウチュウ目 コガネムシ科

ハワイのココヤシの上にいるサイカブト。
by Scot Nelson

自然分布	東南アジア
移入分布	沖縄、ハワイなど
大きさ	体長33〜53mm
生息地	堆肥の中、ココヤシの木、サトウキビ畑など
影響	農業

ココヤシを食いあらす害虫

　日本では台湾から移入し、沖縄に定着しているサイカブト。タイワンカブトとも呼ばれ、サトウキビを食いあらす害虫として知られています。第二次世界大戦中に海上輸送が活発になったことで、東南アジアからさまざまな地域に広がりました。

　そのサイカブトが、ハワイで猛威をふるっています。どのように侵入したかわかっていませんが、ココヤシの繊維を食い破って樹液を吸い、大きな被害が報告されています。生命力が強く、ハワイで使える農薬がほとんど効かないため、かんたんに駆除もできません。また暖かい地域では、季節を選ばず繁殖することができるため増えやすいというのも、問題を大きくしている要因です。

　オアフ島では数千匹もの群れが確認されており、2013年に、ハワイ州農務局がわなを使った捕獲作戦を始めました。

農務局がしかけたわな。フェロモンでサイカブトをさそい、とらえる。
by Scot Nelson

今後は、菌やウイルスを用いた駆除も検討しているそうです。

by aubrey_moore

食害にあって穴がぼこぼこと開いたココヤシ（上）と、ココヤシにもぐるサイカブト（左）。
by Scot Nelson

ヨーロッパのカブトムシ

　ヨーロッパには、このサイカブトの仲間、ヨーロッパサイカブトがいます。つのも小さく、こげ茶色で大きな虫くらいにしか思われていないようで、あまり人気がありません。ドイツでは昆虫採集も禁止されているため、親しみのない虫のようです。

マイマイガ

Lymantria dispar チョウ目 ドクガ科

自然分布	ヨーロッパ、北アフリカ、アジア
移入分布	アメリカ、ロシア、ニュージーランドなど
大きさ	前翅長 25〜45mm
生息地	平地や低山の林など
影響	環境破壊 農業
その他の特徴	毒

マイマイガのメス（左）とオス（右）。
Marek R. Swadzba/Shutterstock.com

マイマイガの大量発生でかれた山。アメリカ合衆国ペンシルベニア州。by Dhalusa

森林害虫の代表

オスが昼間に活発に飛びまわることから、舞舞蛾と名づけられました。ドクガの仲間ですが、若い幼虫以外に毒はありません。

産卵前のメスは、40kmも飛ぶことができ、広い範囲に広がります。また幼虫も、はいた糸にぶら下がり、それを吹き流しのようにして、風にのって分布を広げます。その姿から、ブランコケムシとも呼ばれます。

幼虫は、500種ともいわれる植物を食べます。しかも数年に一度、大発生して葉を食べつくし、森林害虫としてきらわれています。大発生のしくみはよくわかっていませんが、ひどいときは山を丸坊主にするほどです。

自身の再生能力以上に食害された木は、弱って病気の影響を受けやすくなり、かれてしまうことがあります。果樹園などが被害を受けると、経済的にも大損害です。

\ 親子で似ている かしら？ /

Martin Pelanek/Shutterstock.com

Jan-Nor Photography/Shutterstock.com

さなぎになるときは、粗い糸で巣のようなものを作り、集まって変態する。
by brownpau

2014年、長野のサッカー競技場の照明に集まるマイマイガ。夜の試合開始時間を早めるなど、対策がとられた。
提供／朝日新聞社

ヨーロッパからアメリカに移入

　アメリカ合衆国に生息するのは、19世紀後半にヨーロッパから移入したマイマイガです。糸をよくはき、いろいろな葉を食べ、病気にも強いマイマイガの幼虫にフランス人自然研究家が注目し、クワの葉しか食べないカイコの代わりか、カイコの品種改良をしようとしてアメリカに持ちこみました。

　アメリカには、マイマイガに影響をあたえるウイルスや菌、寄生バチなどの天敵がいなかったこともあり、定着以後、しばしば大発生しています。ヘリコプターから殺虫剤やウイルスをまいてもすぐには効果が出ず、しばらくして感染した幼虫が大量死しておさまるということがくり返されています。

　日本でも、亜種のアジアマイマイガが明治時代以来、何度も大発生しています。

マイマイガを見かけたら……

　日本では約10年周期で大発生し、2〜3年それが続くといわれています。

　マイマイガの大発生を防ぐには、卵のうちに駆除するのが効果的です。産卵期の夏からふ化する春までに駆除するよう、各自治体が住民に協力を呼びかけています。

　ふ化後の幼虫や成虫も、見つけ次第、それぞれにあった方法で処理します。成虫には殺虫剤があまり効かないので、捕獲してすてるようにします。

ヒトスジシマカ

世界の侵略的外来生物ワースト100

Aedes albopictus ハエ目 カ科

人の血を吸うヒトスジシマカのメス。
khlungcenter/Shutterstock.com

自然分布	東・東南アジア
移入分布	アメリカ、ヨーロッパ、南アフリカ、オーストラリアなど
大きさ	4〜5mm
生息地	林、やぶ、竹林、人家、公園など
影響	病気

かゆいっ！
dimid_86/Shutterstock.com

恐ろしいウイルス病を媒介

　ヤブ蚊とも呼ばれる、日本でもおなじみの夏の害虫です。メスが、繁殖の栄養分として吸血します。さされるとかゆくて不快ですが、それ以上にこのカは、ジカ熱、デング熱などの感染症を媒介することでおそれられています。

　しばしば古タイヤなどにたまった雨水に産卵し、アメリカ合衆国への侵入も、東アジアから輸出された古タイヤが原因とされています。そのため、古タイヤの輸出入では厳しく検査を行って侵入を防ぐほか、罠でとらえるなどの対策をしています。

　同じく感染症を媒介するネッタイシマカは、遺伝子操作で子孫を残せないようにする取り組みが行われていますが、ネッタイシマカを駆除しても、ヒトスジシマカに置きかわってしまうため問題解決にならないといった報告もあります。ほかに、日本古来の蚊取り線香や蚊帳も、カ除けに有効だと注目されています。

ヒトスジシマカが運ぶ感染症

ジカ熱	デング熱	ウエストナイル熱	黄熱
ジカウイルスが原因です。熱などの症状は軽いのですが、妊婦が感染すると、胎児に小頭症を発症することがあります。	デングウイルスが原因です。38〜40℃の高熱、激しい関節や筋肉の痛みをともないます。	ウエストナイルウイルスが原因です。高熱、頭痛、筋肉痛、発疹をともない、重症化すると脳炎を発症します。	黄熱ウイルスが原因です。高熱、頭痛、吐き気などをともない、重症化すると腎炎、肝炎などを発症します。

ツヤハダゴマダラカミキリ

Anoplophora glabripennis　コウチュウ目　カミキリムシ科

世界の侵略的外来生物ワースト100

自然分布	中国、朝鮮半島
移入分布	ヨーロッパ、アメリカなど
大きさ	体長20〜35mm
生息地	果樹園、公園など
影響	環境破壊

ツヤハダゴマダラカミキリ。2015年にはフィンランドで発見され、分布の広がりが心配されている。
by Päivi Ronni, Finnish Food Safety Authority Evira

幼虫に食害された木。アメリカ合衆国ニューヨーク州のロングアイランド島。by The NYSIPM Image Gallery

幼虫が木の内部を食害

　日本にいる近縁種、ゴマダラカミキリに似ています。日本にも一時出現しましたが、無事駆除して定着を防ぎました。成虫は小枝や葉柄などを食べ、木に穴を開けて産卵します。選ぶ木はヤナギ、サクラ、リンゴ、ナシ、トチノキ、カエデなどさまざまで、幼虫は木の中を食害。内部でさなぎになって、翌年羽化します。

　原産地では、植林された木の多くが食害を受けています。また、食害された木が輸出品を入れる木箱に加工され、さまざま国に侵入。アメリカ合衆国では1996年に発見されました。カナダではカエデが食害され、メープルシロップ産業に大きなダメージをあたえています。

　被害がわかった段階で、すばやく対処することが重要です。疑わしい木を伐採したり、殺虫剤を注入したりして防ぎます。また、輸入前後には、港などの水際で、貨物を適切に処理して、侵入を防ぐことができます。

侵入を防ぐ貿易の対策

　貨物の梱包に使う木材には、昆虫や菌などがついていることがあります。貿易の際は、下のような国際的な基準の処理をするか、輸出先の指定する処理をしなければなりません。

加熱

56℃以上の温度で、30分以上加熱する。

くん蒸

臭化メチルという薬剤を使ってくん蒸する。

フタモンアシナガバチ

Polistes chinensis ハチ目 スズメバチ科

Kelly Marken/Shutterstock.com

自然分布	日本、中国など
移入分布	オーストラリア、ニュージーランドなど
大きさ	体長14〜18mm
生息地	人家周辺の草地や畑地など

影響：在来生物　その他の特徴：毒

キオビクロスズメバチ

Vespula vulgaris ハチ目 スズメバチ科

Kuttelvaserova Stuchelova/Shutterstock.com

自然分布	アジア、ヨーロッパ
移入分布	アメリカ、カナダ、オーストラリア、ニュージーランドなど
大きさ	体長10〜14mm
生息地	山地、里山など

影響：在来生物　その他の特徴：毒

侵入先の在来種を圧迫

フタモンアシナガバチは、ニュージーランドに1970年代後半に侵入し、現在は北島全域と南島北部で定着。オーストラリアでも東南部で確認されています。

キオビクロスズメバチは森林にすみ、スズメバチの仲間の中では比較的おとなしい性質です。北米には森林の害虫退治のために人為的に移入され、ニュージーランドやオーストラリアでも1970年代後半に発見されています。

どちらも昆虫やその幼虫を狩り、花の蜜を集めるので、在来のよく似た習性のハチを圧迫し、鳥などのほかの生き物とも食べ物で競合します。また人がさされると、痛いだけでなく、アレルギー反応によるアナフィラキシーショックで死亡することもあります。移入先で分布を広げないためには、地道に殺虫剤で退治したり、巣の撤去を続けたりするほかはありません。

イエヒメアリ

Monomorium pharaonis ハチ目 アリ科

自然分布 アフリカ
移入分布 南極をのぞく世界中
大きさ 体長2〜2.5mm
生息地 建物の中

小麦にたかるイエヒメアリ。1つのコロニー（集団）は、数十万匹にもなる。

by British Pest Control Association

移入先では建物内で暮らす

貿易の貨物などにまぎれ、世界中、アリ類ではもっとも広い範囲に広がっています。もとは熱帯に暮らしていたので、寒い地域では人家やビルの壁、床のすき間、電子機器の内部などに入りこみ、人の食べ物をあらします。

小さく、目につきにくい場所にいて、複数の女王がいるため、駆除は大変です。効き目のおそい殺虫剤入りのえさは、働きアリが巣にえさを運んでから効き目が現れるため効果的です。

日本でも外来種として定着

日本では、1930（昭和5）年に大阪市で見つかったのが最初の記録です。台湾からの船の中で見つかり、その後、大阪市の百貨店の食品売り場などからも見つかったそうです。現在は、一部の寒冷地をのぞいた全国に分布を広げています。

こんなところにもある巣

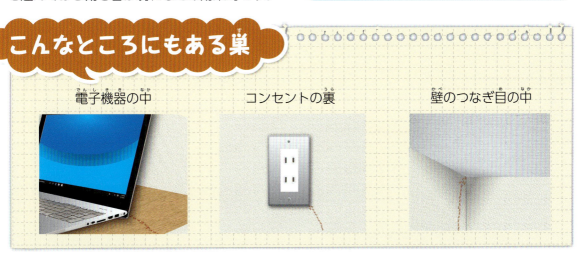

電子機器の中　　コンセントの裏　　壁のつなぎ目の中

コラム 多摩川がタマゾン川に⁉

自然に放たれたペットたち

日本中の河川が、外来魚の侵入におびやかされています。その一つ、多摩川には、本来生息できないはずの熱帯魚が多く、南アメリカのアマゾン川になぞらえて「タマゾン川」などと呼ばれます。なぜこんなことになったのか、そのなぞを探ってみましょう。

Q どれくらいの外来魚がいるの？
A 多摩川の外来魚は200種以上！

多摩川で見つかる外来魚は、すでに200種をこえています。オオクチバスやブルーギルなどももちろんいますが、それ以外の外来魚もたくさん暮らしています。下の写真は、熱帯魚店などで売られていて、実際に多摩川でも見つかっている魚たちで、すべてアマゾン川原産の熱帯魚です。

これらはもちろん、ペットとして飼われていたものが、人の手によって放流されたものです。魚以外にも、カミツキガメやワニガメなどの外来生物もたくさん生息し、ニシキヘビが見つかった記録もあります。

ネオンテトラ

by Elma

エンゼルフィッシュ（スカラレ・エンゼル）

by Jeff Kubina

シルバーアロワナ

by Qwertzy2

タイガーショベルノーズキャットフィッシュ

Podolnaya Elena/Shutterstock.com

多摩川下流域。東京都世田谷区の多摩川駅近辺。by Raita Futo

Q なんで熱帯魚がすんでいるの？
A 多摩川の水温は、冬でも高い！

　人が多く住む地域では、下水の量も多く、処理場もたくさん必要です。多摩川には、下水処理場からの水が大量に流れこみ、川の水量の6〜8割をしめるともいわれています。

　処理場できれいになった水は、温度までは下げていません。そのため処理場から川に流れこむポイントでは、冬でも水温が24度にもなるところがあります。南アメリカ原産の熱帯魚がすめるのはこのためです。

　本来、寒いと生きていけないはずの東南アジア原産の熱帯魚グッピーが越冬し、繁殖しているといったケースも確認されています。

ピラニア

by Jim, the Photographer

セルフィンプレコ

by James Hartshorn

これ以上増やさない取り組み

おさかなポスト

　飼育している魚がどうしても飼えなくなってしまったとき、自然界に放すのは絶対にいけません。しかし、飼えなくなったからといって、殺してしまうのも無責任です。そんな行き場のなくなった魚たちを受け入れてくれるのが、多摩川のおさかなポストです。この施設は、NPO法人おさかなポストの会が運営していて、受け入れた魚は、小学校や老人ホームなどに、里親として引き取ってもらっています。

クズ

Pueraria lobata マメ目 マメ科

自然分布 東アジア、東南アジア
移入分布 北米、オーストラリア、ニュージーランド、ヨーロッパ、アフリカなど
大きさ —(つる植物)
生息地 荒れ地、林の周り
影響 農業 環境破壊 その他の特徴 食用

アメリカ合衆国テネシー州ではびこるクズ。by Katie Ashdown

クズの花
homi/Shutterstock.com

観賞用としてアメリカへ

クズは、つるをのばして、あたりをおおいつくすように広がる多年草です。節から根を下ろして、大きな群落を作ります。日本では、秋の七草の一つに数えられ、家畜の飼料にしたり、繊維で葛布を作ったりしてきました。また根は、葛根という生薬になり、葛もちや葛きりの材料である葛粉にもなるなど、古くから利用されてきた身近な植物です。

アメリカ合衆国には、1876年に日本から持ちこまれ、独立100周年を記念する国際博覧会で、観賞用として紹介されました。その後、フェンスにはわせて庭の飾りにするほか、家畜の飼料としても利用され、また頑丈な根が土壌の流出を防ぐことから、各地で植えられるようになりました。

クズの薬効

葛根は、中国で発明された生薬で、クズの根を乾燥させて作ります。これに桂皮、麻黄、甘草などの生薬を混ぜたものが、葛根湯という漢方薬です。発汗作用、痛みをおさえる作用があるとされ、風邪のひきはじめに効く薬として現在でも利用されています。

根絶はほぼ不可能……

現在アメリカでは、それらのクズが野生化して問題になっています。人の管理が追いつかないほどの勢いで広がり、丘をまるごとおおい、ほかの木をからしたり、農地に進出して農産物に被害をあたえたり、電線に巻きついたりするなど、大変なやっかいものです。

駆除しようと地上部をかり取っても、根が残っていれば再生するので、根絶はほぼ不可能です。つるの先を切るなど、中途半端にかったりすると、よけいに新しい子づるや根を出し、かえって繁茂力が増してしまいます。

日本のように食べればよいと思いますが、葛粉の精製には大変な手間と労力がかかり、簡単にはできません。繁茂を防ぐには、根ごと取り去る、専用の除草剤を使うほか、クズを食べる昆虫や微生物を利用することも研究中です。

秋にかれても、来年また復活する。ウェストバージニア州。
by Paul Sableman

クズが葛もちになるまで

イタドリ

Fallopia japonica ナデシコ目 タデ科

世界の侵略的外来生物ワースト100

● 自然分布
● 移入分布

自然分布　日本、朝鮮半島、中国など
移入分布　北米、オーストラリア、ニュージーランド、イギリスなど
大きさ　高さ30〜150cm
生息地　荒れ地、斜面
影響　環境破壊　その他の特徴　食用

イギリスで、垣根とコンクリートの道路のすき間から生えたイタドリ。
by LoopZilla

イタドリの花。
Gl0ck/Shutterstock.com

🌿 天敵のいない地で大増殖

　イタドリは、日本では野山でよく見られる野草で、地下の根茎で増えます。ヨーロッパには、19世紀に日本から帰国した医師シーボルトによってもたらされました。やせた土地や塩分のある土地でも育ち、ヨーロッパには天敵となる昆虫や菌がいないこともあって増殖。大きな群落が在来種をおびやかし、生態系に打撃をあたえています。また、観賞用や、土壌の流出をおさえるなどの目的で各国に移入されています。生命力が強く、はびこって水路をふさいだり、ビルやブロック塀、堤防、道路などのコンクリートやアスファルトをつき破って、建造物にダメージをあたえます。駆除しようにも、根茎が少しでも残っていると、再生してしまいます。そのためイギリスでは、イタドリの生育する宅地は売買が禁止されているほどです。

ドイツで屋根まで届きそうなくらい成長したイタドリ。
by dankogreen

イギリスでは天敵を導入

イタドリの駆除は、かり取り、引きぬきなどをくり返すほか、除草剤をまきます。それでも根絶は難しく、駆除に手を焼いたイギリスでは、イタドリマダラキジラミという日本産の昆虫に注目しました。この虫は、イタドリだけにつき、幼虫、成虫ともに茎に口吻をさしこみ、吸汁してからします。数年の試験をした結果、生態系に影響をあたえないと判断し、2016年から試験的に放しています。

イタドリマダラキジラミ
九州大学農学部天敵昆虫学分野

イギリス政府がすすめるイタドリの処分方法

除草剤をまく

地下の根まで駆除するには、3年は除草剤をくり返す必要がある。

燃やす

燃やしても生き残ることがあるので、燃え残りは地下5m以上の深さにうめる。

地中にうめる

簡単に芽を出さないよう、地下5m以上の深さにうめる。

廃棄施設に移す

廃棄施設で処分する。車で輸送した後は、高圧洗浄機などで洗う。

積極的に食べて根絶

春に芽ぶいたイタドリの若い茎は、東アジアでは山菜として好まれます。生でかじるとみずみずしく、酸っぱい味がします。えぐみが強いので、ゆでてあくぬきしてから、煮つけやきんぴらなどに調理します。外国でもその地に合った食材とともに調理して食べれば、イタドリの繁茂がおさえられるのではないかと探求されていて、イタリアではパスタやチーズなどと和えて食べています。

イタドリのきんぴら。イタドリは山菜として日本各地で食べられている。

イタドリを、アミガサタケの一種と、ヤギのチーズを入れたパスタ、ラビオリと合わせたイタリア料理。
by Hungry Dudes

ワカメ

Undaria pinnatifida コンブ目 チガイソ科

自然分布	日本、朝鮮半島
移入分布	オーストラリア、ニュージーランド、ヨーロッパ、南北アメリカ
大きさ	長さ1～3m
生息地	沿岸の岩礁
影響	環境破壊、漁業
その他の特徴	食用

大きなコロニーを築く、ワカメの群落。

バラスト水で拡散

海の貿易を支える商船は、積み荷が少ないときはバラストタンクに海水を入れて船体を安定させています。このバラスト水には多くの生き物が取り込まれ、海の外来種が拡散する原因になっています。

ワカメもそのひとつで、おもに日本からの商船のバラスト水に胞子が取りこまれ、オーストラリア、ニュージーランド、アメリカ合衆国などに拡散しています。

海の環境保護のため、2017年のバラスト水管理条約では、バラスト水をフィルターでこしたり殺菌したりする装置を、船に設置することが求められています。

バラスト水でワカメが拡散するしくみ

バラスト水は、積み荷が空のときに船の重心を安定させ、スクリューが海水面のより下になるように調整する重りの役割をしています。

① 出発港
荷物を下ろし、バラスト水を入れる。ワカメの胞子も取りこまれる。

② 航海中
バラスト水を満タンにして、船体を安定させる。

③ 到着港
荷物を積むために、バラスト水を放出。ワカメの胞子も放出される。

🍃 数億の胞子を出して大発生

1本のワカメの胞子葉（めかぶ）からは数億の胞子が出て、森のようなコロニー（集団）を作ります。貿易相手の国の港近くでバラスト水が捨てられ、大繁殖すると、海の生態系に影響をあたえるほか、漁業の網やカキの養殖棚、ホタテの養殖かご、ムラサキガイの養殖ロープなどに付着して、養殖漁業にも大きな被害を出します。

バラスト水には、ワカメだけでなく、その他の海藻の胞子やカニ・エビ・クラゲなどの幼生、魚の卵、病原菌などがまぎれこみ、世界中の海の生態系に大きな問題をもたらしています。

ワカメの根と胞子葉。根が船体に付着して、運ばれることもある。
千葉大学海洋バイオシステム研究センター『海藻海草標本図鑑』(http://chibadai.flier.jp/algae/algae/index.html) より転載

40cm

▼貨物をたくさん積む船は、バラスト水も大量に取りこむ。
EvrenKalinbacak/Shutterstock.com

④ 航海中
帰りの航行では積み荷が満載で船体は安定する。

📛 バラスト水で拡散したその他の外来生物

ワカメを加えた以下の10種は、国際海事機関（IMO）が指摘した、バラスト水の環境影響が著しい代表種です。

●コレラ菌
各地 ➡ 南アメリカ、メキシコ湾など　1991年南アメリカで100万人以上が発症。

●ミジンコの仲間
黒海、カスピ海 ➡ バルト海　ほかの動物プランクトンを圧迫。漁業の網が詰まる。

●モクズガニの仲間
北方アジア ➡ ヨーロッパ、北アメリカなど　在来魚や無脊椎動物を捕食する。

●赤潮プランクトン
各地 ➡ 各地　大量発生で海が酸欠を起こし、漁業に被害。死がいで異臭や汚染。

●クシクラゲ
アメリカ東海岸 ➡ 黒海、カスピ海など　動物プランクトンを食べ、食物連鎖に影響。

●マルハゼ
黒海、カスピ海 ➡ バルト海、北アメリカ　在来魚の卵や稚魚を捕獲し、生態系に影響。

●ワタリガニの仲間
ヨーロッパ ➡ オーストラリア、南北アメリカ、日本　在来種を駆逐、多くの生物を捕食。

●ゼブラ貝
東ヨーロッパ ➡ 西ヨーロッパ、北アメリカなど　在来種を圧迫、工場の用水路をふさぐ。

●マヒトデ
北太平洋 ➡ オーストラリア南部　カキやホタテなど貝類を捕食し、養殖漁業に被害。

ブタクサ

Ambrosia artemisiifolia キク目 キク科

自然分布	北アメリカ
移入分布	南アメリカ、アジア、ヨーロッパ、オーストラリアなど
大きさ	高さ30〜120cm
生息地	畑地、川原、道のわきなど
影響	病気

ブタクサの花。Bildagentur Zoonar GmbH/Shutterstock.com

🌿 根絶不能なやっかいもの

北アメリカが原産のブタクサは、日本には明治時代のはじめ、1877年ごろに侵入し、現在では世界各地に広がっています。ヨーロッパには19世紀に入ってきたとされ、種子が鳥のえさや建設用土に埋もれて混入したり、また自動車や人に付着して運ばれたりしてきたようです。

ブタクサの種子は、いっせいに発芽するのではなく、時期をずらして発芽して、繁殖の失敗の危険を分散します。また、いったん土の中に深く埋もれてしまうと、休眠状態になって何年も発芽の機会を待つことがあります。

駆除しようと思っても、あとからあとから発芽して復活してしまうため、いったん侵入されると、根絶させるのは不可能に近い状態です。

対策としては、侵入経路をふさぎ、新たな侵入を防ぎ、地道なかり取り、間引きをくり返すほかありません。

ブタクサの被害は、なんといっても花粉によって引き起こされるアレルギー、花粉症です。夏〜秋にかけての開花時期には、目のかゆみや炎症、くしゃみ、重症化すると喘息を引き起こします。

ブタクサの花粉。

by the American Society for Cell Biology

ブタクサの侵入経路

鳥のえさに混ざる　　建設用土に混ざる　　タイヤや靴の裏につく

🍃 ブタクサ花粉症が広がる

　移入先のヨーロッパでは、セルビア北部からハンガリー南部にかけてが、もっとも侵入を受けている地域です。この地域産の鳥の飼料はヨーロッパで広く流通していて、ブタクサの種も混入します。これを野外にまくなどして、ブタクサは分布を広げています。EU（ヨーロッパ連合）のブタクサ規制は遅れており、飼料への種子混入規制は2012年に始まったばかりです。
　ある研究のシミュレーションによると、ヨーロッパでは2050年までに温暖化で開花時期が伸び、ブタクサ花粉量が4倍に増えると予想されています。そして患者数は、ヨーロッパ全体で現在の約3300万人から7700万人になるという推測が出ています。フランス、ドイツ、ポーランドではまだ被害は少ないですが、今後確実にブタクサは侵入し、患者が増えると予測されています。

ヨーロッパのブタクサ花粉症患者数予想

①1986〜2005年の患者数と、②2041〜2060年の予測患者数を比べると、最大で8倍以上も増える国がある。

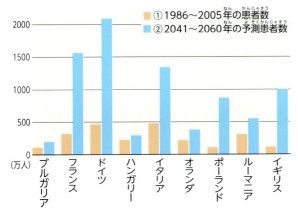

出典：Iain R. Lakeetc. (2015) "Climate Change and Future Pollen Allergy in Europe" Environ Health Perspect

ヨーロッパでのブタクサ花粉症の広がり

濃い緑は侵入を受けていない地域。黄色になるに従って、侵入の度合いが高くなる。

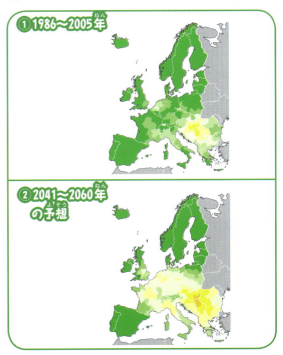

エゾミソハギ

Lythrum salicaria フトモモ目 ミソハギ科

自然分布　アジア、ユーラシア大陸、ヨーロッパ、北西アフリカ
移入分布　北アメリカ、オーストラリア、ニュージーランド、南アフリカ
大きさ　高さ50〜150cm
生息地　湿地
影響　在来生物

エゾミソハギがはびこる湿地。アメリカ合衆国。Jay Ondreicka/Shutterstock.com

エゾミソハギの花。Brzostowska/Shutterstock.com

🌿 湿地で大群生

　エゾミソハギは湿地に群生し、夏にピンクの花をつけます。日本にも生育していますが、北アメリカ、ニュージーランドにはヨーロッパから移入。北アメリカには、18世紀終わりから19世紀初めに、船のバラスト（→70ページ）に使われた土にまじって侵入したようです。当時はバラストに土が使われており、海水が使われるようになったのは、1880年代以降のことです。

　それぞれの株が、毎年270万個という種を作る旺盛な繁殖力を持ち、あっという間に増殖します。そして、土の栄養と生育空間を占拠して、生態系に影響をあたえています。また、大繁茂によって川や溝をせきとめ、牧草地に生えてその価値を落とすといった被害も生み出しました。困ったことに、今でも園芸種として、種が売られているところもあります。

　1992年、カナダとアメリカ合衆国では、エゾミソハギの葉を食べる、ヨーロッパ産のハムシの仲間2種を生物農薬として導入し、成果を上げています。被害を広げないよう、種を作る前にかり取り、また、それらを不用意に捨てないようにすることも大切です。

庭を飾る花として愛されてもいる。イギリスのサマセット。
Peter Turner Photography/Shutterstock.com

スイカズラ

Lonicera japonica　マツムシソウ目　スイカズラ科

自然分布	日本、朝鮮半島、中国、台湾
移入分布	アメリカ、ヨーロッパ、オーストラリアなど
大きさ	―（つる植物）
生息地	野原、林のふち、公園など
影響	在来生物

アメリカ合衆国ノースカロライナ州の電柱に巻き付くスイカズラ。by Ryan Somma

スイカズラの花。Eaglesky/Shutterstock.com

🍃 つるでほかの植物をしめ殺す

　スイカズラは半常緑の樹木で、つるを巻き付けながら、棚、植えこみ、低木などをはい上ります。5～7月に、あまい香りの白や黄色の花をさかせます。地上でランナーという茎をのばすと、ランナーはしめった土に接して根を出します。また果実、種が鳥やその他の生き物によって食べられ、遠くに運ばれて分布を広げます。

　日本から観賞用として、アメリカ合衆国、ヨーロッパに移入されました。アメリカには、19世紀半ばに移入され、北部や中西部の厳しい気候を除いて、各地に定着しています。アメリカで定着したのは、原産地にはいる天敵がいないこと、競合するつる性の樹木が少なく、半常緑性の性質がほかの植物に競り勝つ有利な力となったことなどが挙げられます。

　スイカズラは、つるをきつく巻き付け、水の通り道を断ち、低木や若木をしめ殺します。また、繁茂すると光をさえぎり、ほかの植物を生えなくさせます。せまい範囲なら、つるや根を徹底的に除去することで取り除けます。ある程度広ければ、除草剤が効果的です。

スイカズラの天敵たち

スイカズラヒゲナガアブラムシ
汁を吸い、からす。
理科教材データベース
（岐阜聖徳学園大学）

イチモンジチョウ
幼虫が葉を食べる。
by KENPEI

うどんこ病
植物を弱らせ、からす病気。
nnattalli/Shutterstock.com

ダンチク

Arundo donax イネ目 イネ科

自然分布	東アジア、東南アジア、インド、ヨーロッパなど
移入分布	南アフリカ、オーストラリア、ニュージーランド、南アメリカなど
大きさ	高さ2〜4m
生息地	海岸や川岸
影響	環境破壊

アメリカ合衆国カルフォルニア州で、ダンチクのサンプルを採取して研究に役立てる。
by USDA

大群落が生態系に影響

ダンチクは漢字で「暖竹」と書き、暖かい地方の海岸や川岸に生えるイネ科の植物です。地下茎で広がって、旺盛な繁殖力で大きな群落を作ります。

アメリカ合衆国には、1820年ごろ、南ヨーロッパからカリフォルニア州に移入されました。屋根葺きの材料にしたり、川の護岸のために植えられたりしましたが、在来の植物をおしのけてはびこり、現地の生態系の多様性に影響をあたえています。駆除は困難で、地上部をかり、焼きはらっても、地下茎から新芽を出します。

利用しながらおさえる

近年アメリカでは、ダンチク対策に、カタビロコバチの一種を生物農薬として導入しました。このハチはダンチクの茎の中に産卵し、幼虫が茎を食べ、ダンチクをからせます。

また、ダンチクを有効利用する研究も進んでいます。カドミウム、ヒ素、鉛などの有害金属を吸収する性質を用いて土壌を浄化したり、バイオ燃料の原料としたりして、利用と同時に繁茂をおさえる試みがはじまっています。

木管楽器のリードに利用

ダンチクの茎は、伝統楽器のパンパイプや草笛のリードに利用されてきて、いまでもオーボエなど、木管楽器の最高級リードとして使われています。

オーボエ
Matthias G. Ziegler/Shutterstock.com

ダンチクに産卵し、茎を食べて育つカタビロコバチの一種 (*Tetramesa romana*)。 by John Goolsby

カナムグラ

Humulus japonicus　バラ目　アサ科

🍃 とげをからめてのびる

アメリカ合衆国には、園芸品種として19世紀後半に移入。農業や畜産、家庭排水などの影響で富栄養化した土地を好み、ほかの植物や樹木をおおって、ときにはからします。茎には下向きのとげがあり、強くフェンスやほかの植物にからみつき、簡単には引きはがせません。

自然分布	東アジアなど
移入分布	ヨーロッパ、北アメリカ
大きさ	―（つる植物）
生息地	道ばた、林のふちなど
影響	在来生物　環境破壊

カナムグラの葉。

アメリカ合衆国ミズーリ州にはびこるカナムグラ。

ネズミモチ

Ligustrum japonicum　シソ目　モクセイ科

ネズミモチの花。果実がネズミのふんのようで、葉がモチノキににていることからこの名があります。

🍃 鳥が分布を広げる

山に自生するほか、公園樹や街路樹にもなる常緑樹です。アメリカ合衆国や南アフリカに侵入しており、アメリカには、1945年に園芸用として紹介されたようです。秋に熟す果実が鳥などに食べられて分布を広げ、旺盛な繁殖力で在来種を圧倒しています。

この実おいし〜！

自然分布	東アジア
移入分布	アメリカ
大きさ	高さ5mほど
生息地	山地や公園など
影響	在来生物

イシミカワ

Persicaria perfoliata タデ目 タデ科

自然分布	東アジア、フィリピン、インド
移入分布	トルコ、アメリカ、ニュージーランド
大きさ	—（つる植物）
生息地	しめった道ばたや林のふち、水田、池、川原
影響	在来生物　病気

アメリカ合衆国メリーランド州の森。イシミカワのつるには、下向きのするどいとげが生え、ほかのものにからみながらのびる。by Matt Reinbold

イシミカワの実は鳥が好んで食べ、分布を拡大する。

オレのしっぽに、よく似てるだろ？

🍃 光をさえぎって多種を駆逐

北アメリカ、ニュージーランドなどに定着。北アメリカには何度か移入されていますが、定着したのは1930年代以降とされています。天敵がいないこともあって分布を広げ、旺盛な繁殖力から、「1分間に1マイル（約1.6km）のびる草」とか、スペード形の葉から「悪魔のしっぽをもつタデ」といわれて、きらわれています。急速に生育してほかの植物におおいかぶさり、光をさえぎって弱らせます。6～10月にかけてずっと種を作るうえ、種は土の中で何年も生き続けて発芽のタイミングを待つので、駆除がむずかしい植物です。

基本的な対策は、かり取りや引きぬきをくり返すことですが、日本に生息しているクロクチブトサルゾウムシが、イシミカワの葉を食べる天敵ということで、生物農薬として注目されています。

ススキ

Miscanthus sinensis イネ目 イネ科

自然分布　東アジア、東南アジア、ロシアなど
移入分布　オーストラリア、北アメリカ、南アメリカ
大きさ　　高さ1〜2m
生息地　　野山
影響　　　在来生物

大きく育つススキ。by F. D. Richards

🌿 地下茎で増え種も飛ぶ

　北アメリカ、オーストラリアなどに侵入しています。アメリカ合衆国には種が19世紀に輸入され、視線をさえぎる目隠しや庭の区切りにうってつけで、観賞用としても人気があります。ところが、地下茎で増えるうえ、種は風で飛んで生育地を広げ、荒れ地に大群生を作ります。群生すると光をさえぎってほかの植物が光合成する機会をうばいます。日本では、園芸用に移入された外来種セイタカアワダチソウと、しばしば生息地をめぐって競合しています。

🌿 駆除は注意深く

　駆除では、地下茎を完全に取り去ることが重要ですが、中途半端にすると、かえって増殖します。地上部をかり取ると、地下で休眠状態になっていた地下茎を活発化させたり、ほり起こして回収しそこねた部分から発芽したりして、分布を広げます。かり取りやほり起こし、野焼の後に、除草剤をまくのは効果的です。また放牧は、まだそれほど草丈がないうちにウシ、ウマ、ヒツジなどに食べさせることで駆除にもなると、注目されています。

VS セイタカアワダチソウ

ススキ（白い部分）とセイタカアワダチソウ（黄色の部分）の勢力争いがくり広げられる刈谷田川（新潟県）河川敷。

\攻めこむぞー！／　　\むかえうてー！／

メギ

Berberis thunbergii キンポウゲ目 メギ科

自然分布 日本
移入分布 オーストラリア、北アメリカ、ヨーロッパなど
大きさ 高さ2m
生息地 山地の林のふち、庭や公園
影響 在来生物 病気

🍃 アメリカ東部では要警戒種

　1875年に園芸種としてアメリカ合衆国に移入。アレロパシー（→115ページ）として周囲の土のpHを上げ、ほかの植物がきらう土壌を作ります。メギの群落は、ライム病を広げるダニにとって好環境で、ムギさび病の菌の繁殖地になるなど、放っておけません。

茎を煎じて洗顔薬に

漢字では「目木」。茎をせんじた液にアルカロイドの一種がふくまれ、古くから洗眼薬に利用されてきました。

ハマナス

Rosa rugosa バラ目 バラ科

gubernat/shutterstock.com

自然分布 東アジア
移入分布 ヨーロッパ、オーストラリア、ニュージーランドほか
大きさ 高さ40〜50cm
生息地 明るい草原や林
影響 在来生物 病気

🍃 大きな花と香りが好まれて導入

　19世紀半ばにドイツの学者シーボルトが日本から持ち帰り、現地で栽培していました。その後、大きな花と香りが好まれ、ヨーロッパや北アメリカに園芸種として導入。砂地の安定のためにも植えられました。病気や塩分に強く、地下茎をのばして増えるので、大群落を作ってほかの在来種を圧倒します。とくに北ヨーロッパの沿岸で深刻な被害が報告されています。

カエルツボカビ

Batrachochytrium dendrobatidis　ツボカビ目　ツボカビ科

世界の侵略的外来生物ワースト100

カエルツボカビ症で死んだリモサ・ハーレクイン・フロッグ。
by Brian Gratwicke

自然分布 東アジア
移入分布 南北アメリカ、オーストラリア、ニュージーランド、ヨーロッパなど
大きさ 細胞2～5μm
生息地 両生類の皮膚
影響 病気

🍃 両生類のこわい病気

　カエルツボカビは、両生類に感染して、皮膚のケラチンを栄養として増殖し、呼吸をさまたげたり弱らせたりして、死にいたらしめます。
　世界中で爆発的に感染が広がり、パナマでは、侵入2か月でその地の両生類が全滅したといわれます。ペット用の輸入カエルを媒介して感染が広がったほか、人の移動によって広がったとされています。今のところ野生の両生類に対するよい防御対策がなく、おそれられています。

🍃 原産地は東アジア？

　被害地では、野外での感染状況を調査したり、両生類輸入時の検疫を強化したりして対策しています。さらに希少な両生類は、捕獲して飼育することで絶滅を防いでいます。
　東アジアでは被害は少なく、このあたりにすむ両生類はこのカビに抵抗力を持っているようです。また、他地域より多様なツボカビ類が見つかったことから、原産地は東アジアだと考えられています。

カエルツボカビ症にかかると…

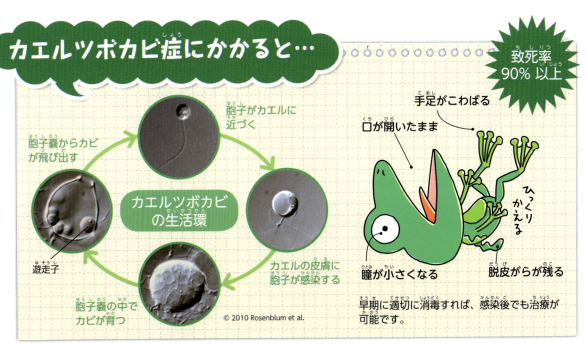

致死率90%以上

早期に適切に消毒すれば、感染後でも治療が可能です。

コラム 外来生物がもたらす脅威！

在来生物や人がかかる感染症

外来生物が運んでくる病気は、人や在来生物に思いがけない問題を引き起こします。ここで取り上げる病気はそのほんの一部ですが、どれも身近に起こりうる病気です。感染予防や拡大防止のため、自分たちにできることを考えてみましょう。

犬ジステンパー

オオカミ、アザラシ、ライオン、パンダなどが犠牲に

このウイルスは、イヌだけでなく、タヌキやクマなどさまざまな動物に感染します。世界中に広がる病気で、日本では、ニホンオオカミ絶滅の原因の一つとされています。

1987年にはバイカル湖でバイカルアザラシ、1994年にはタンザニアでライオン、1997年と2000年にはカスピ海でカスピカイアザラシが大量死しているのが見つかり、いずれもジステンパーウイルスに感染したためと推測されています。また2014年にも、中国でジャイアントパンダが立て続けに死亡しており、ジステンパーの感染がわかりました。

多くの動物がかかるため、野生動物における予防は困難です。また一度かかると完全に治すことはむずかしく、症状をやわらげる治療が中心となります。

感染予防のためにできること

- ペットに予防接種をする。
- ペットがかかったら、ほかの動物に感染させないように隔離して飼育する。
- 人にも感染するが、麻しんの予防接種が犬ジステンパーの予防にもなるため受けておく。

猫エイズ

ツシマヤマネコに感染拡大

猫エイズ（正式名、猫後天性免疫不全症候群）の感染が、絶滅危惧種ツシマヤマネコに広がっています。猫エイズはネコ科の動物がかかる病気です。ネコ免疫不全ウイルスに感染したネコとけんかするなどして、傷口からウイルスが入ってうつります。発症すると確かな治療法はありません。免疫機能が低下して、色々な病気を引き起こし、いずれ死んでしまいます。

生息地の対馬では、島内のネコを検査して感染状況を把握しています。感染したネコがいたら隔離して飼い、病気の拡大を防いでいます。

この病気は、西表島のネコでも確認されています。西表島には国の天然記念物イリオモテヤマネコが生息していて、いつ感染してもおかしくない状況です。

感染拡大を防ぐためにできること

- 飼いネコがかからないように猫エイズの予防接種をする。
- 人には感染しないので、飼いネコがかかっても野外に放したりせずに、最後まで見守る。

広東住血線虫症

人が死亡した例も……

広東住血線虫は、外来種のアフリカマイマイをはじめ、カタツムリやナメクジによくいる寄生虫です。人に感染すると脳障害を起こしたり、最悪死亡したりする恐ろしい病気を引き起こします。日本でも抵抗力の弱い子どもが亡くなったという報告があります。

感染予防のためにできること

- カタツムリやナメクジをむやみにさわらない。さわったら、きちんと手を洗う。
- 栽培中に線虫がつくかもしれないので、キャベツやレタスなどを生で食べるときは、しっかり洗ってから料理する。

ラナウイルス

両生類の大量死を引き起こす

ラナウイルスは、カエルツボカビと並ぶ、両生類の感染症です。日本では、2008年に野外ではじめて見つかりました。外来種のウシガエルが大量死していたほか、絶滅危惧種のカスミサンショウウオも被害にあっています。日本は両生類が多い国で、その75％以上が固有種です。これらの固有種に感染が拡大するおそれもあり、今後の拡大が心配されています。

感染拡大を防ぐためにできること

- カエルやサンショウウオの大量死を見つけたら、最寄りの市区町村役場に通報する。

第3章 世界をかけめぐる外来生物

外来生物の問題は、世界共通の問題です。この章では大まかに、オセアニア、北アメリカ、中央・南アメリカ、ヨーロッパ、アフリカ、アジアと地域を分け、困っている外来生物について解説します。

1つの生き物が、いろいろな地域で外来生物となっている場合もありますから、それぞれのページの地図を参考に、その広がりも見てみましょう。

オセアニア

この地域でこまっている外来種

ニホンジカ (p20) ／ヤギ (p22) ／クマネズミ (p24) ／マガモ (p26) ／カワラバト，シラコバト (p30) ／コイ (p34) ／スズキ (p44) ／マハゼ，アカオビシマハゼ (p45) ／ドジョウ (p46) ／キヒトデ，エボヤ (p49) ／マイマイガ (p58) ／イエヒメアリ (p63) ／クズ (p66) ／イタドリ (p68) ／ワカメ (p70) ／ブタクサ (p72) ／エゾミソハギ (p74) ／スイカズラ (p75) ／ダンチク (p76) ／ススキ (p79) ／メギ (p80) ／アカギツネ (p88) ／オコジョ，フェレット (p89) ／フクロギツネ (p90) ／イボタノキの仲間，ギンネム (p95) ／セイロンマンリョウ，センニンサボテン (p96) ／サンショウモドキ，ランタナ (p97) ／フタモンアシナガバチ，キオビクロスズメバチ (p62) ／カエルツボカビ (p81) ／アナウサギ (p87) ／インドハッカ (p91) ／オオヒキガエル (p92) ／ヒアリ (p94) ／ノブタ (p99) ／ホシムクドリ (p101) ／アトランティックサーモン (p106) ／ハリエニシダ (p107) ／トウブハイイロリス (p111) ／ヒマワリヒヨドリ (p115) など

この地域からの外来種

ハナミノカサゴ (p38) ／イソガニ (p48) ／フクロギツネ (p90) など

ニュージーランド南東部のオタゴ半島からの景色。野生動物が多い地域だ。
Pichugin Dmitry/Shutterstock.com

海にかこまれ、固有種が豊か

　オセアニアは、オーストラリアやニュージーランドのほか、フィジーなどの小さな島々を含む地域です。北は熱帯、南は温帯で、オーストラリア中央には砂漠が広がるなど、バリエーションに富んだ自然があります。また、ほかの地域とは海でへだたれているため、固有種も豊富です。

　この地には、古くからアボリジニやマオリなどとよばれる先住民族が暮らしていましたが、1788年以降、ヨーロッパ人が移り住むと、多くの動植物が持ちこまれました。

積極的な政策で守る

　ニュージーランドでは、もともと陸にすむほ乳類はコウモリだけでした。しかし、新しく持ちこまれたほ乳類は、固有種をあっという間に追いやり、その存在をおびやかすようになったのです。

　そこで現在、ニュージーランド政府では、2050年までに外来種を取り除いたり、増やさないようにするためのプロジェクトを立ち上げています。検疫を厳しくして持ちこまないようにしたり、罠や薬剤を用いたりして、積極的な対策をとっています。

アナウサギ

Oryctolagus cuniculus　ウサギ目　ウサギ科

巣穴からでてきたアナウサギ。
by Lis Poon (CSIRO)

自然分布	イベリア半島
移入分布	ヨーロッパ、日本、オーストラリア、ニュージーランドほか
大きさ	体長38〜50cm
生息地	明るい草原や林
影響	環境破壊
その他の特徴	食用

狩りの獲物として持ちこまれる

　アナウサギはその名のとおり、地中に巣あなをほって暮らすウサギです。1〜6月に2〜8匹ずつ、約1か月ごとに子どもを産むため、繁殖スピードはかなりのものです。

　アナウサギがオーストラリアに持ちこまれたのは1788年。ヨーロッパ人が、狩りの対象として持ちこみました。その後ほんの50年ほどで、オーストラリアの半分以上に広がり、植物を食いあらす、ほかの動物の巣あなを乗っ取るなどして、在来生物をおびやかしています。

　対策として、オーストラリア政府がまず導入したのは、ウサギよけのフェンスです。生息域を広げないよう、1901年から設置しました。また1950年には、ミクソーマウイルスをまいて、兎粘液腫を引き起こす方法がとられました。この病気にかかったウサギの致死率は99%で、はじめは大きな成果を上げましたが、しばらくすると効果は半減。ふたたび増えてしまいました。そこで1995年、今度はウサギ出血病ウイルスを用いて、駆除に乗り出しました。現在、その成果が見られてウサギは減少しつつありますが、また増殖する可能性もあり、気がぬけない状況です。

by Roguengineer

赤い線がウサギよけのフェンス。アナウサギなど家畜に害をなす動物の侵入をはばむため、3200kmにもわたってはりめぐらされました。地図のとおり、オーストラリア西部に数回にわけて設置されました。

アカギツネ

Vulpes vulpes　ネコ目 イヌ科

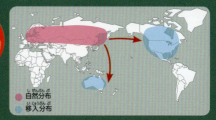

自然分布　ヨーロッパ～アジア
移入分布　オーストラリア、カナダ、メキシコ、北アメリカ
大きさ　体長57～74cm
生息地　市街地、農地、山地、砂漠など
影響　在来生物／畜産業
その他の特徴　狩猟

アナウサギをとらえるアカギツネ。
©JAPACK/SEBUN PHOTO /amanaimages

オーストラリア中に広まる

　北半球に広く分布し、日本のホンドギツネやキタキツネもアカギツネの亜種にあたります。オーストラリアには、狩猟の対象として19世紀中ごろにヨーロッパから持ちこまれ、現在620万頭以上いると推定されています。
　移入種のアナウサギが主な食料ですが、希少な在来種も食べてしまいます。とくに地上に巣を作る鳥類や、タヅナツメオワラビーのようなほ乳類、アカウミガメといったは虫類など、幅広い在来種が被害を受けています。

柵や毒エサで対策

　アカギツネは、野生の在来種のみならず、家畜の子ヒツジや子ヤギ、家禽を襲うため、畜産農家も頭を悩ませています。また、狂犬病を媒介することも心配されています。
　狩猟は現在も行われていますが、十分に個体数を減らす効果はありません。一方で、柵や毒エサによる個体数管理は、一定の成果を上げています。しかし、これらの方法は在来種にも影響をあたえるおそれがあり、より外来種だけに効果のある方法が望まれています。

オーストラリアのアカギツネの分布

オーストラリアの大部分に広がるアカギツネ。アナウサギの広がりとほぼ同じ範囲だ。

分布範囲

出典： Australian Government "Department of Sustainability, Environment, Water, Population and Communities, 2011"

オーストラリア政府は狩ることをすすめていて、銃でうったアカギツネが、農場のフェンスにつるされる光景がよく見られる。
Jiri Slama/Shutterstock.com

オコジョ

Mustela erminea　ネコ目　イタチ科

世界の侵略的外来生物ワースト100

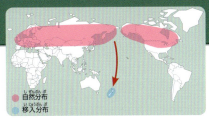

自然分布
移入分布

オーストラリア、クイーンズランド州の草原を走るオコジョ。

©Alastair Rae

自然分布	北半球
移入分布	ニュージーランド
大きさ	体長18〜24cm
生息地	森林、草地、農地など
影響	在来生物

ニュージーランドの脅威に

　オコジョとフェレットはともにイタチ科の動物で、アナウサギ駆除のため、1880年代にニュージーランドに持ちこまれました。
　しかし実際にはアナウサギ以外の鳥類、ほ乳類、昆虫、魚類などさまざまな生き物を食べてしまいます。とくに鳥類に深刻な被害をもたらし、ヤブサザイやライフクロウ、固有種のツグミを絶滅させた一因と考えられています。現在もキーウィ、カカポ、ロイヤルアルバトロス、キガシラペンギン、フェアリーペンギン、ニュージーランドクイナなど、多くの固有の鳥類が危機にさらされ、カカポはニュージーランド本島では絶滅し、イタチ科動物を排除した島にしか生息していません。

フェレット

Mustela putorius　ネコ目　イタチ科

自然分布
移入分布

オーストラリア、クイーンズランド州で群れで暮らすフェレット。©Cloudtail

自然分布	ヨーロッパ
移入分布	ニュージーランド、オーストラリア、北アメリカなど
大きさ	体長30〜50cm
生息地	開けた牧草地、低木地
影響	在来生物
その他の特徴	ペット

木登りも泳ぎも得意！

　オコジョは木登りが得意で、昼夜を問わず活発に活動します。行動範囲が広く、2週間のうちに70kmもの距離を移動します。また泳ぐのも得意で、1.1kmはなれた島にもわたることがあります。
　一方、フェレットは、オコジョほど広範囲には移動しないため、分布はさほど広がっていません。しかし鳥の卵が好きで、地上で繁殖する鳥類のひななどを食べてしまいます。

にげなきゃ！！！！

ニュージーランドの固有種で飛べない鳥、キーウィなどは、オコジョやフェレットなどにねらわれ、生息数が激減している。

John Carnemolla/Shutterstock.com

フクロギツネ

Trichosurus vulpecula カンガルー目 クスクス科

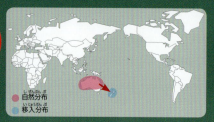

鳥のえさなどさまざまなものを食べる。
Janelle Lugge/Shutterstock.com

有袋類最悪の外来生物

　フクロギツネは雑食性の有袋類で、1837年にニュージーランドに毛皮をとる目的で持ちこまれました。天敵のいないニュージーランドでは、在来の樹木の新芽を食べつくしたり、鳥類の卵やヒナを食べたりして、生態系に重大なダメージをあたえています。果実や昆虫も食べるため、鳥類にとっては食べ物をめぐる競合相手でもあります。
　有袋類では唯一、世界の侵略的外来生物ワースト100に指定されています。

自然分布	オーストラリア
移入分布	ニュージーランド
大きさ	体長 65～95cm
生息地	森林
影響	在来生物

カダヤシ

Gambusia affinis カダヤシ目 カダヤシ科

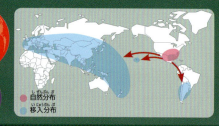

カダヤシのオス。

オスは、尻びれが細長い。

自然分布	中央～北アメリカ
移入分布	ヨーロッパ～アジア、ニュージーランド、ハワイなど
大きさ	全長 6cm
生息地	水田、用水路、湖沼、湖など
影響	在来生物

ボウフラ退治のため移入

　ボウフラを食べるカダヤシは、カの対策のために世界中に移入されました。ニュージーランドでは1930年代、オークランド植物園の池に放されたのが最初です。水質汚染に比較的強く、都市近郊の水辺にも定着します。
　交尾したメスはオスの精子を体内に蓄え、年数回、数十匹の仔魚を産みます。卵を食べられないため急速に増え、ほかの魚類の目やひれを攻撃し、卵を食べてしまいます。

インドハッカ

世界の侵略的外来生物 ワースト100

自然分布
移入分布

Acridotheres tristis　スズメ目　ムクドリ科

声まね名人と呼んでくれ！

世界各地に生息するインドハッカ。
Ng Toby/Shutterstock.com

自然分布	アジア南部〜西部
移入分布	オーストラリア、フランス、ニュージーランド、トルコなど
大きさ	全長 23cm
生息地	農耕地、住宅地
影響	食用　在来生物　環境破壊
その他の特徴	ペット

空飛ぶオオヒキガエル

インドハッカは、サトウキビ畑などの農業害虫を駆除する目的で世界各地に移入され、繁殖しています。ものまねが得意で、ペットとして飼われることもあるようです。

オーストラリアに持ちこまれたのは1862年のこと。多くの在来種と巣作りの場所が競合し、問題になりました。樹木にできた空洞に巣を作る習性があり、似たような場所に巣作りする動物を攻撃し、卵やひなに危害を加え、殺すか追い出します。海鳥やオウムなどの鳥類、フクロモモンガなどのほ乳類をはじめ、多くの在来生物がその被害にあっています。

同じく移入され、在来種に被害をもたらすオオヒキガエルになぞらえて、「空飛ぶオオヒキガエル」などとも呼ばれています。

農業や環境の面でも問題に

世界各地に広がり、現在も分布を拡大するインドハッカは、オーストラリア名産のブルーベリーや、穀物を好んで食べるため、農業被害も深刻です。人の集まる市街地にも好んですみ、大きな集団になると、ふん害も深刻になります。野外で人の食べ物をうばうといった被害も報告されています。

by patrickkavanagh

巣の場所でフクロモモンガと競合し、追い出すことがある。

by J.M.Garg

集団で大さわぎ

インドハッカは、夕方、ねぐらにもどるときに、いっせいに声をかけあいます。敵や食べ物の情報交換などをしていると考えられていますが、非常にうるさく、しばしば騒音として問題になります。

オオヒキガエル

Rhinella marina カエル目 ヒキガエル科

日本の侵略的外来生物ワースト100
世界の侵略的外来生物ワースト100
特定外来生物

自然分布
移入分布

オーストラリアのオオヒキガエル。耳腺から毒液がにじみでている。

自然分布	北アメリカ南部〜南アメリカ北部
移入分布	フィリピン、ニューギニア、オーストラリア、太平洋の島など
大きさ	体長15〜25cm
生息地	森林など
影響	在来生物
その他の特徴	毒

害虫駆除で導入されて大繁殖!

オオヒキガエルは、サトウキビ畑の害虫を駆除するため、世界各国に持ちこまれたカエルです。日本でも、小笠原諸島や南大東島、石垣島などに移入されています。

ヒキガエルの中で最大級で、陸上生物はなんでもよく食べます。繁殖は一年中行われ、1年に8000〜3万5000もの卵を産みます。また、毒を持つため天敵もおらず、爆発的に増えて問題になります。オオヒキガエルの毒が体内に入ると、心臓にダメージをあたえ、死んでしまうこともあります。目に入ると失明することもあり、非常に危険な生き物です。

強い繁殖力で急速に広まる

オーストラリアには、1930年代にハワイから持ちこまれました。当初は約3000匹でしたが、現在ではその数は数百万匹ともいわれています。

繁殖力が強く、1年に約50kmの早さで急速に生息地を拡大しています。現在では、その範囲は数千〜数万km²にも達していて、オーストラリア固有の生物に大きなダメージをあたえています。

オーストラリアでの広がり

2008年 → 今後広がりそうな地域

★はじめに持ちこまれたところ　■分布範囲(予測ふくむ)

1935年、北東部のクイーンズランド州ゴードンベールに持ちこまれてから、着実に分布範囲を広げ、今後も広がり続ける予測だ。

出典: Kearney, M, Phillips, BL, Tracy, CR, Christian, KA, Betts, G & Porter, WP 2008, 'Modelling species distributions without using species distributions: the cane toad in Australia under current and future climates', Ecography, vol. 31, pp. 423-434.

在来種に致命的なダメージ

オーストラリア固有のオーストラリアワニは、オオヒキガエルの生息地域で急激な減少が報告されています。ワニの死がいを調べてみると、オオヒキガエルを食べた形跡が見つかり、中毒死したことがわかりました。このワニは、もともと革製品に利用するため乱獲され、絶滅が心配されていたワニです。また、肉食の有袋類フクロネコの一種、ノーザンクオールも、オオヒキガエルを食べてしまうことで個体数を減らしています。

新たな取り組みとして、ノーザンクオールがオオヒキガエルを食べないように学習させる研究が進められています。まだ毒の少ない小さなオオヒキガエルに、食べたら気分が悪くなる物質を注入し、食べないよう学習させるという方法です。

オーストラリアワニ　ChameleonsEye/Shutterstock.com

ノーザンクオール　John Carnemolla/Shutterstock.com

対策の最新研究

在来種ニクアリにおそわせる

キャットフードで肉食性のニクアリをおびきよせ、陸に上がったばかりのオオヒキガエルをおそわせます。オーストラリア在来のカエルは、ニクアリからのがれられるように進化しているため、被害はありません。

毒のにおいで捕獲

オオヒキガエルのオタマジャクシは卵から出ている微量の毒のにおいを頼りに、同じオオヒキガエルの卵を見つけ、共食いします。この習性を利用し、オオヒキガエルだけを一網打尽にする罠の開発が進んでいます。

ヒアリ

Solenopsis invicta ハチ目 アリ科

世界の侵略的外来生物ワースト100

特定外来生物

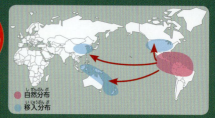
自然分布
移入分布

Elliotte Rusty Harold/shutterstock.com

自然分布	ブラジル、アルゼンチン
移入分布	北アメリカ、アジア、オーストラリア、ニュージーランドなど
大きさ	体長2〜6mm
生息地	川や林のふち、草地など
影響	病気
その他の特徴	毒

分布を広げる殺人アリ

　南アメリカのブラジルとアルゼンチンの国境付近の亜熱帯から暖温帯に分布し、大きなコロニー（集団）で暮らすアリです。このアリの毒針でさされると、やけどのような痛みがあります。毒はアルカロイド系で、集団でおそってくるためにアナフィラキシーショックを起こし、毎年100人近い人が死んでいるといいます。

　北アメリカには、1933〜1945年の間に、貨物船にまぎれて侵入したようです。そこからさらに船のコンテナなどとともに、カリブ海諸国、オーストラリア、ニュージーランド、アジアなどに広がりました。日本にはまだ定着していませんが、中国から神戸港などに侵入し、特定外来生物に指定されています。

　殺虫剤入りのえさを巣の入り口にまいたり、薬入りの液体を巣に注いで水攻めしたりといった駆除方法などがありますが、いずれも確実に女王を駆除することはできません。巣のくん蒸や、数カ所から薬剤を注入するなど、環境に負担のない方法をいくつか合わせて、地道に駆除を続けるしかありません。また、ヒアリの遺伝子を研究し、繁殖能力を下げる研究も進んでいます。

◀ヒアリのおしりから取り出した毒袋と針。長さは全体で1.5mmほど。
byJustin Schmidt. (USDA)

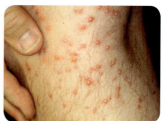

▼ヒトをさすと、下のように赤いぶつぶつができる。
by Daniel Wojcik

いかだをつくって水にうかぶ

　ヒアリは、巣が洪水などにあうと、集団でかたまりを作って水にうかんで生きのびます。数千匹が集まることで、水をはじく性質を強化しています。あご、つめ、足先にある吸着盤でたがいにつながり合い、何週間もうくことができます。

by TheCoz

イボタノキの仲間

Ligustrum　シソ目　モクセイ科

花をつけるトウネズミモチ。
Lyphoto/Shutterstock.com

自然分布	①トウネズミモチ・コミノネズミモチ…中国　②オオバイボタ…日本、朝鮮半島　③セイヨウイボタ…ヨーロッパ、アフリカ北部
移入分布	オーストラリア、ニュージーランド
大きさ	高さ2〜7m
生息地	山野、生垣や公園

園芸種として移入されて定着

　イボタノキの仲間は、葉や実に毒を持つ、生命力の強い木です。ニュージーランド、オーストラリア東部には、園芸種としてトウネズミモチ、コミノネズミモチ、オオバイボタ、セイヨウイボタが移入され、定着しました。在来の樹木の発芽をおさえる成分を出し、分布を広げます。小さい木なら根ごと引きぬき、大きい木なら切ってから、切株に除草剤をぬるなどして駆除します。

ギンネム

Leucaena leucocephala　マメ目　マメ科

世界の侵略的外来生物ワースト100

白いおしべが集まって球状に見える花をさかせる。
Chuchawan/Shutterstock.com

自然分布	中央アメリカ
移入分布	南アメリカ、東南アジア、オーストラリア、インド、アフリカなど
大きさ	高さ1〜10m
生息地	日当たりのよい乾燥地
影響	病気
その他の特徴	毒

毒物質で在来の植物を追い出して繁茂

　ギンネムは、根を深く下ろすため乾燥に強く、マメ科特有の空中にある窒素を固定する力で、やせた土地でも育つことができます。世界中で家畜の飼料とするために導入され、オーストラリア北部、台湾、ハワイなどに定着しています。若葉や芽にミモシンという毒性の物質をふくみ、家畜が食べすぎると、毛が抜け、成長が悪くなります。またミモシンには、在来の植物の生育をおさえる役割もあります。

セイロンマンリョウ

Ardisia elliptica サクラソウ目 ヤブコウジ科

自然分布	スリランカ（セイロン）、インド、マレーシアなど
移入分布	オーストラリア、北アメリカ、ハワイ
大きさ	高さ2〜5m
生息地	海岸のそば、庭や公園
影響	在来生物

高い適応力と繁殖力を持つ

セイロンマンリョウは常緑の低木で、しめった場所を好み、日陰にも適応します。世界各地に観賞用として移入されましたが、強い繁殖力でいったん群落を作ると、在来の植物の繁殖を阻害し、取って代わります。1本の木に400個もの実をつけ、それを鳥などが食べて分布が広がります。除草剤で地道に駆除するしかありませんが、ほかの植物に影響をあたえないよう、注意が必要です。

センニンサボテン

Opuntia stricta ナデシコ目 サボテン科

by John Tarn

自然分布	南北アメリカ
移入分布	オーストラリア、スペイン、南アフリカなど
大きさ	高さ2mほど
生息地	農耕地、牧草地、市街地など
影響	在来生物　畜産業

とげでけがをする家畜も

センニンサボテンは、荒れ地にいち早く侵入し、すばやく成長します。オーストラリア、南アフリカに観賞用に導入。とげのある茎や果実を家畜が食べてけがをしたり、はびこって生態系の多様性を損なったりしています。引きぬく、焼きはらうといった除去は逆効果で、除草剤で繁茂をおさえます。また、茎を食べるガの仲間の幼虫、汁を吸ってからすカイガラムシの一種などの生物農薬の利用も研究中です。

サンショウモドキ

Schinus terebinthifolius　ムクロジ目　ウルシ科

赤い実をつけるサンショウモドキ。
Iuliia Timofeeva/Shutterstock.com

落ちた種から大量に発芽。
by Forest & Kim Starr

自然分布　南アメリカ
移入分布　北アメリカ、オーストラリアなど
大きさ　高さ3〜7m
生息地　湿地、道ばたなど
影響　在来生物　その他の特徴　毒

観賞用や街路樹として移入

　観賞用や日陰を作るために各地に移入され、果実が鳥に食べられて分布を広げました。おもに湿地で野生化し、生態系を乱しています。
　毒をふくみ、大量摂取すると麻痺を起こしますが、果実の乾燥品はブラジリアン・ペッパーという香辛料として利用されます。伐採、除草剤、野焼きをするほか、天敵のハマキガ、ハバチやカリバチの仲間を導入して、駆除が行われています。

ランタナ

Lantana camara　シソ目　クマツヅラ科

花の色は時間とともに変化し、日本名はシチヘンゲ（七変化）。
Manfred Ruckszio/Shutterstock.com

自然分布　中央・南アメリカ
移入分布　北アメリカ、オーストラリア、ニュージーランド、東南アジア、中国、インドなど
大きさ　高さ2〜5m
生息地　牧草地、畑、道ばたなど
影響　在来生物　その他の特徴　毒

種の毒で家畜や人に害

　ランタナは常緑の小低木で、観賞用や、果実を香辛料にするため移入され、オーストラリアや東南アジアなどで定着しています。果実は鳥に食べられて分布を広げますが、種にはランタニンという毒があり、食べた家畜が肝障害を起こしたり、人の子どもが死亡したりすることがあります。暖かい地域では、雑草化して在来種と競合し、生態系を乱しています。駆除には、抜いたり、かったりするのが有効です。

北アメリカ

この地域でこまっている外来種

ニホンジカ (p20) / ヤギ (p22) / クマネズミ (p24) / オシドリ (p28) / カワラバト, シラコバト (p30) / コイ (p34) / キンギョ (p36) / ハナミノカサゴ (p38) / カラフトマス (p42) / スズキ (p44) / マハゼ, アカオビシマハゼ (p45) / タウナギ, ドジョウ (p46) / ホソウミニナ (p47) / イソガニ (p48) / エボヤ (p49) / ナミテントウ, ナナホシテントウ (p52) / マメコガネ (p54) / マイマイガ (p58) / ヒトスジシマカ (p60) / ツヤハダゴマダラカミキリ (p61) / キオビクロスズメバチ (p62) / イエヒメアリ (p63) / クズ (p66) / イタドリ (p68) / ワカメ (p70) / エゾミソハギ (p74) / カナムグラ, ネズミモチ (p77) / イシミカワ (p78) / ススキ (p79) / メギ, ハマナス (p80) / カエルツボカビ (p81) / アナウサギ (p87) / アカギツネ (p88) / フェレット (p89) / ヒアリ (p94) / セイロンマンリョウ (p96) / サンショウモドキ, ランタナ (p97) / タイセイヨウサケ (p106) / ハリエニシダ (p107) / チュウゴクモクズガニ (p113) / ヒマワリヒヨドリ (p115) など

この地域からの外来種

マガモ (p26) / ブタクサ (p72) / オコジョ (p89) / センニンサボテン (p96) / カダヤシ (p90) / トウブハイイロリス (p111) / ミシシッピアカミミガメ (p112) など

アメリカ合衆国テキサス州のパロ・デュロ・キャニオン州立公園。
Pichugin Dmitry/Shutterstock.com

植民地化で移入された外来種

北アメリカは、西に大山脈、中央に大平原、東になだらかな山脈が広がる広大な地域で、寒帯から熱帯まで幅広い気候が見られます。古くは先住民が暮らしていましたが、15世紀以降にヨーロッパ人による植民地化が進むと、それにともない、外来生物もたくさん持ちこまれました。

入植者の開拓は環境破壊も引き起こします。しかし一方で、1872年、アメリカ合衆国が世界初の国立公園を設置するなど、自然保護への高い意識もありました。

貿易大国ならではの規制

アメリカ合衆国では、外来種の問題にも比較的早くから取り組み、1900年にはレイシー法で有害野生動物の輸出入などを禁止しました。しかしこの法律は、制定後100年は22種を対象としただけで、その間にほかの多くの外来生物が定着しました。

また貿易大国のため、船のバラスト水問題も深刻です。アメリカでは、2017年発効の国際法バラスト水管理条約のほかに、環境保護庁、沿岸警備隊がそれぞれ規制を設けており、入港する船は注意が必要です。

ノブタ

Sus scrofa クジラ偶蹄目 イノシシ科

自然分布	アフリカ北部、ヨーロッパ〜アジア
移入分布	アメリカ、オーストラリア、ニュージーランドなど
大きさ	体高最大1m
生息地	開けた森林と草地
影響	在来生物／環境破壊／農業
その他の特徴	食用

子連れのノブタ。牧場の近辺にも出没し、牛に感染症を伝染させることが心配される。
by Justin Stevenson (USDA APHIS)

ブタが野生化

アメリカ合衆国では、16世紀初期にスペインの探検家が持ちこんだブタが野生化し、狩猟用に持ちこまれたユーラシアイノシシと交雑して繁殖しました。野生化したブタのことは、ノブタと呼びます。イモ類などのデンプンを多くふくんだ根や、土の中のミミズや昆虫の幼虫が好物なため、地面をよくほり返します。

年2回4〜6頭の子を産むため、個体数は急速に増えており、さらにノブタを生け捕りにして別の地域に狩猟目的で放す人もいるために、生息域は時速170〜190kmもの速さで拡大しているといわれます。

ノブタにふみあらされたトウモロコシ畑。
by Tyler Campbell (USDA APHIS)

食べ物を探すなどで土をほり返し、土壌がダメージを受ける。
by NASA/USDA APHIS

野生生物も人間も大損害！

在来種との競合や捕食、植生の破壊、水質悪化や土壌侵食など、ノブタによる被害は多方面におよび、農業関連の被害だけでも全米で毎年15億ドルと推定されています。

ノブタは、群れの80%を捕獲しても削減できないほど繁殖力が強く、狩猟では追いつかないほどの早さで生息地を拡大しています。小さな農地を守るには柵や電気柵が有効ですが、広大な農地では莫大な費用がかかります。罠で多くの個体を捕獲し続けることが、もっとも効果の高い方法です。

ヌートリア

Myocastor coypus ネズミ目 ヌートリア科

日本の侵略的外来生物ワースト100
世界の侵略的外来生物ワースト100
特定外来生物

アメリカ合衆国テキサス州の浅い池にすむヌートリア。Brian Lasenby/Shutterstock.com

自然分布	南アメリカ
移入分布	北アメリカ、アジア、中東、ヨーロッパ
大きさ	体長40〜60cm
生息地	川や湖沼、池などの水辺
影響	環境破壊

ハリケーンで激減するも復活

ヌートリアは大型のネズミの一種で、アメリカ合衆国では第二次世界大戦中に軍の防寒用の毛皮をとる目的で飼育され、放されて野生化しました。日本でもかつて飼育され、同じように戦後に野生化しています。

妊娠期間は130日ほどと長いものの、一度に平均5頭の子どもを産み、早ければ3か月ほどで繁殖ができるまで成長します。ルイジアナ州ではハリケーン「カトリーナ」の襲来で激減しましたが、5年後には完全に復活しました。

植物を食べつくし、堤防に穴をあける！

ヌートリアは川岸に巣穴をほる習性があり、植物の地下の茎や根が大好物で、土壌の崩落を招くやっかい者です。水辺に生息する水生生物や鳥類の生息地にも被害をあたえています。

ルイジアナ州では年間40万頭の捕獲を目標に、猟師に1頭につき5ドルの賞金を出し、一定の効果を上げています。

itay uri/Shutterstock.com

ヌートリアが川べりにあけた穴。by USDA

プラスチックでできた網状のチューブで若木をおおい、ヌートリアに食べられるのを防ぐ。by USDA

ホシムクドリ

Sturnus vulgaris スズメ目　ムクドリ科

世界の侵略的外来生物ワースト100

アメリカ合衆国フロリダ州の農場の上を、巨大な群れをなして飛ぶホシムクドリ。
Eric Rorer/gettyimages

Brian E. Kushner/Shutterstock.com

- **自然分布**　ヨーロッパ〜中央アジア、北アフリカなど
- **移入分布**　北アメリカ、オーストラリア、ニュージーランド、南アフリカなど
- **大きさ**　21cm
- **生息地**　農耕地、市街地など
- **影響**　農業

100羽を放したら2億羽に！

ホシムクドリは1890〜1891年、植民先をヨーロッパの環境に近づける事業を行っていたアメリカ順化協会によって、アメリカ合衆国のニューヨークに100羽が放されました。その子孫が爆発的に増えて、現在ではおよそ2億羽と推定されています。

ホシムクドリは集団でねぐらを作る習性があり、騒音やふん害がひどく、農業被害も相まって、とても迷惑がられています。

農作物への被害は年間8億ドル

アメリカでのホシムクドリの農作物への被害は、年間8億ドルにものぼります。さらに、人や家畜に豚伝染性胃腸炎、ブラストミセス症、サルモネラ症といった感染症をもたらすおそれがあり、在来の鳥類のねぐらをうばっていることも指摘されています。被害を防ぐために網、薬剤、銃や罠などで対策し、空港や畜産施設では、録音したディストレスコール（警戒の鳴き声）を使った追いはらいをしています。

悲劇の事故

バードストライクによる最悪の飛行機事故

1960年10月4日、イギリスのローガン国際空港を出発したイースタン航空375便が、離陸直後に2万羽ものホシムクドリの大群に衝突。まもなくエンジンが停止してコントロールを失い、空港近くの海上に墜落しました。バードストライクによる飛行機事故としては最悪で、乗客乗員72名のうち62名が命を失いました。

事故にあったイースタン航空375便。

外来種ミナミオオガシラの大きな影響
グアムの固有種を守れ！

観光客に人気の南の島

太平洋にうかぶマリアナ諸島最大の島、グアム。太平洋戦争の激戦地となったことでも知られ、現在はアメリカ合衆国の自治属領（準州）であり、観光客に人気の島です。かつてはコウモリ以外の哺乳類がおらず、独自の生態系を有する島でしたが、現在は、ネコ、ブタ、シカ、ニワトリ、アフリカマイマイ、トカゲ類など、さまざまな移入種が野生化しており、その影響で在来種の多くが絶滅、あるいは絶滅の危機におちいっています。

9種の鳥類を絶滅させた外来ヘビ

とくに甚大な被害をもたらしているのが、ミナミオオガシラという、パプアニューギニアなどに生息するヘビです。グアムには1950年代にアメリカ軍の資材にまぎれ、侵入しました。

グアムには、若いミナミオオガシラの主食となるトカゲが移入種として定着しており、食べ物に困りません。また天敵も移入

捕獲器の入り口はろうと状になっていて、一度入ったら出られない。中には毒餌を入れることも。by USDA

種のブタとオオトカゲしかおらず、爆発的に繁殖。現在では1km²あたり4600〜5800匹ものミナミオオガシラが生息すると推定されています。

グアムにはもともと小さなヘビ1種しかいなかったため、在来種はヘビに対して警戒心があまりなく、約10種の鳥類のうち半数以上が絶滅し、唯一の在来ほ乳類であるマリアナオオコウモリも絶滅の危機にひんしています。

ミナミオオガシラによる被害を防ぐために、捕獲器による駆除を始め、さまざまな手段が試みられています。解熱鎮痛薬として使われるアセトアミノフェンがヘビにとっては猛毒であることから、錠剤を死んだネズミにつめこんでジャングルに投下する実験も行われています。

毒を入れたネズミに緑色の布をつけ、ヘリコプターで投下。布は微生物が分解しやすい素材でできている。

by USDA

ハワイらしい植物も外来種
ハイビスカスもブーゲンビリアも!?

左：ブーゲンビリア Moolkum/Shutterstock.com　中央上：プルメリア Chaikom/Shutterstock.com　中央下：ハワイアンハイビスカス Studio04/Shutterstock.com

ハイビスカスの髪飾りをつけ、プルメリアの首飾りをかけるフラダンサー。

本来は固有種のみの海洋島

　ハワイを訪れると、ハイビスカスの髪飾りやプルメリアの首飾りをつけたダンサーが、フラを踊って歓迎してくれます。しかし、このいかにもハワイらしい植物は実は外来種です。

　ハワイ諸島は火山活動でできた海洋島。太平洋の真ん中にあって、もっとも近い北アメリカ大陸からでさえ3800kmも離れています。本来の動植物は固有種のはずですが、移民により持ちこまれた動植物が数多く繁殖しています。

　最初にハワイ諸島にたどりついたのはポリネシア人です。4～5世紀に南方の島々からやってきて、生活に必要なカロ（タロ）、ハウ（オオハマボウ）、コー（サトウキビ）、ニウ（ココヤシ）などを持ちこみました。これらは外来種ではありますが「カヌープラント」と呼ばれ、ハワイの歴史を語る上で欠かせない伝統植物です。

　18世紀後半、クックがハワイ諸島に到着し、世界各地から移民が来ると、たくさんの外来種が持ちこまれました。プルメリア、ハイビスカス、ブーゲンビリア、コーヒーなどはこうした外来種です。現在ハワイには140万人以上が住み、土地の約80％は牧草地・農園・住宅地、残りの約20％が自然環境だとされますが、このわずかな自然に外来植物が入りこみ、在来植物を圧迫しています。

マオ・ハウ・ヘレ
by Forest and Kim Starr

ナウパカ・クアヒヴィ
by David Eickhoff

オオハマボウ
songsak/Shutterstock.com

タロ（サトイモの一種）
Timbre/Shutterstock.com

中央・南アメリカ

この地域でこまっている外来種

ヤギ (p22) /クマネズミ (p24) /オシドリ (p28) /カワラバト, シラコバト (p30) /コイ (p34) /ハナミノカサゴ (p38) /カラフトマス (p42) /スズキ (p44) /マハゼ (p45) /エボヤ (p49) /ナミテントウ (p52) /ヒトスジシマカ (p60) /イエヒメアリ (p63) /クズ (p66) /ワカメ (p70) /ブタクサ (p72) /スイカズラ (p75) /ダンチク (p76) /カエルツボカビ (p81) /アナウサギ (p87) /ギンネム (p95) /ヌートリア (p100) /モザンビークティラピア (p105) /ダイセイヨウサケ (p106) /コキーコヤスガエル, ハリエニシダ (p107) /など

この地域からの外来種

カダヤシ (p90) /オオヒキガエル (p92) /センニンサボテン (p96) /サンショウモドキ, ランタナ (p97) /ヌートリア (p100) /コキーコヤスガエル (p107) /ヒマワリヒヨドリ (p115) など

南アメリカ大陸を南北に縦断するアンデス山脈のペルー付近。Pakhnyushchy/Shutterstock.com

植物と両生類の宝庫

　中央アメリカはカリブ海周辺の海洋性の気候、南アメリカは赤道周辺の熱帯雨林性の気候や、乾燥した高地などがあり、一部を除き、温暖な気候です。
　アンデス山脈の東に広がる熱帯雨林には、全世界の植物の6分の1ともいわれる種が見られ、固有種も豊富です。また、両生類の宝庫で664種が生息していますが、そのうち450種が絶滅危惧種に登録されるなど、深刻な事態におちいっています。

深刻な環境破壊

　多様な生き物の楽園ともいえるこの熱帯雨林は、森林伐採、石油採掘、採鉱にさらされ、現在はもとの面積の4分の1しか残っていません。周辺の都市化のために、整備されたダムも、この環境破壊の原因の一つです。
　違法な伐採には、法律を整えて監視を強めたり、衛星で減少した森林を観測したりして、対策に力を入れています。しかし伐採後の植林には、ほぼ外来種が植えられ、問題視されています。

モザンビークティラピア

Oreochromis mossambicus スズキ目 カワスズメ科

自然分布	東アフリカ〜南アフリカ
移入分布	南北アメリカ、アジア、中東、ヨーロッパ、ロシア、オーストラリアなど世界的
大きさ	全長36cm
生息地	淡水〜汽水域
影響	在来生物

養殖されるティラピア。
Peter von Bucher/Shutterstock.com

繁殖力・適応力をかね備える

　日本ではカワスズメの名でも知られるモザンビークティラピアは、アジアを中心に食用として利用され、世界的にはコイやサケ・マス類に次いで多く養殖されています。

　口の中で卵をふ化させ、稚魚を育てるマウスブリーディングという習性を持つため、稚魚の生存率が高く、繁殖力が旺盛です。また、塩分に強いので川だけでなく海でも生活でき、よごれた水でも生きられるという環境への高い適応力も持ち合わせています。雑食性で体が大きく、なわばりに侵入する魚類に対して攻撃的なため、生態系に深刻な影響をあたえる危険な魚として知られています。

メキシコでの養殖の様子。Peter von Bucher/Shutterstock.com

卵を食べられ絶滅寸前……

　メキシコサラマンダーは、オタマジャクシのまま成長するめずらしい両生類です。15〜16世紀に栄えたアステカ帝国では、神の化身として崇拝されていました。長年にわたる土地開発や水質汚染のために生息域をうばわれ、絶滅の危機にひんしており、近年ではティラピアなどによる卵の捕食がそれに追い打ちをかけています。

日本ではウーパールーパーの名で親しまれる。
Lapis2380/Shutterstock.com

タイセイヨウサケ

Salmo salar サケ目 サケ科

自然分布
移入分布

固形のえさにくいつく養殖場のタイセイヨウサケ。
Maria Stenzel/gettyimages

自然分布 北大西洋沿岸
移入分布 チリ、カナダ、タスマニア島など
大きさ 全長150cm
生息地 海
影響 在来生物

by E. Peter Steenstra/USFWS

店頭のものはすべて養殖

アトランティックサーモンとも呼ばれるタイセイヨウサケは、日本に輸入される生鮮冷蔵魚のサケ・マス類のうち、9割を占めています。野生の個体数が減少していることから、現在大西洋で商業的なサケ漁は行われておらず、店頭で売られているのはすべてが養殖です。

チリではサケの養殖が盛んに行われており、サケ・マス類の輸出量がノルウェーについで世界第2位。日本のタイセイヨウサケの最大の輸入相手国となっています。

大量のサケが太平洋に逃亡!?

チリでは1980年代に養殖産業が始まって以来、太平洋に900万～1860万匹ものサケが逃げ出しているのではないかと推定されており、生態系への影響や、寄生虫やウイルスなどの病原体の伝染が心配されています。

チリには海底の堆積物の処理を養殖業者に義務付ける法律がないなど法整備が不十分で、海底汚染も大きな問題となっています。また、サケのエサの原料となるアジやイワシなどの乱獲も指摘されています。

養殖サケがおいしい理由

養殖サケは、油分の多い飼料をあたえ、天然ものの3～5倍も脂質が多くなるように育てます。脂がのっておいしいですが、脂質には有害物質がたまりやすく、ノルウェーでは、妊婦や乳幼児は週1回以上食べないように指導されるそうです。

チリ南部のサケの養殖場。MARCELODLT/Shutterstock.com

コキーコヤスガエル

Eleutherodactylus coqui カエル目 ユビナガガエル科

アメリカの1セント硬貨と比べると非常に小さいのがわかる。
by Cathybwl

19.05mm

コキーって大きな声で鳴くよ

自然分布	プエルトリコ
移入分布	ガラパゴス諸島、フロリダ南部、ハワイ、ドミニカなど
大きさ	体長34〜41mm
生息地	おもに樹上性
影響	在来生物

大きな声で在来種に影響

　プエルトリコ固有のカエルで、オタマジャクシにならず、卵からカエルの姿でふ化します。貨物などにまぎれて各地に侵入し、もともと両生類のいなかったガラパゴス諸島にも侵入して定着しています。小さくて個体数が多く、外来のヘビなどの食料になるため、生態系を変化させるおそれがあります。
　体が小さい割に鳴き声が大きく、移入した地域では、ほかの在来種のコミュニケーションの邪魔になるほどです。

ハリエニシダ

Ulex europaeus マメ目 マメ科

チリ南部で野生化するハリエニシダ。by Ivotoledo45

自然分布	ヨーロッパ
移入分布	オーストラリア、カナダ、チリ、南アフリカなど
大きさ	高さ1〜2.5m
生息地	荒れ地、牧草地、海岸など
影響	畜産業

ハリエニシダの花。
De Martin Fowler/Shutterstock.com

とげがあって家畜がさける

　ハリエニシダは、常緑で日当たりのよい平地を好み、枝にはするどいとげがあります。各地には、観賞のためや牧場の囲いとして移入されました。

　やせた土地でも生え、牧場では家畜がとげをきらって食べないので大繁殖します。駆除のために焼いても根が残り、種は土の中で長く生存します。地道な抜き取りのほか、とげを気にせず食べるヤギなどの導入により駆除します。

クローズアップ

多様な固有種のいる世界遺産
ガラパゴス諸島の危機

一時は危機遺産に……

　エクアドルのガラパゴス諸島は、本土の西、約900kmの太平洋上にある海洋諸島です。約500万年前の海底火山の活動で生まれ、大小120以上の島からなります。イギリスの自然科学者ダーウィンが訪れて、進化論の発想を得たことでも有名です。1978年には世界自然遺産の第1号となり、2001年には海洋保護区が追加登録されました。これらの島々は、一度も大陸と地続きになったことがなく、生物は独自の進化をとげ、多くの固有種が生息しています。

　ところがガラパゴス諸島は、その生態系がこわされているとして、2007年、危機遺産に登録されました。観光客の増加、観光地化での人口増による環境悪化に加え、外来種の侵入も問題の一つです。たとえば、クマネズミが固有種の卵やひなを食べ、生態系を乱したりしています。

　危機感をいだいた政府らのさまざまな対策により、現在は危機遺産から解除されました。対策の一つ、クマネズミの大規模駆除により、ピンゾン島では、100年ぶりに野生のガラパゴスゾウガメの赤ちゃんが見られました。

ウチワサボテンは固有種のリクイグアナの食料になるが、ヤギにも食いあらされてしまう。
by A.Davey

ガラパゴス諸島のクマネズミ駆除作戦

2011年駆除成功 ラビダ島
固有種のガラパゴスノスリを一時保護してから、毒餌をヘリコプターから投下して駆除。
by Paul Krawczuk

2007年駆除成功 ノース・セモイア島
ピーナツバターを仕掛けたわなや、毒餌をまいて駆除。クマネズミは、空港のあるバルトラ島から海をわたって侵入。

2012年駆除成功 ピンゾン島
ヘリコプターから毒餌をまいて駆除。ガラパゴスゾウガメの卵やひなが食べられる被害を受けていた。
by Kenneth Lu

2014年作戦実行 フロレアナ島
より大きな島で駆除に挑戦。ヘリコプターから毒餌をまく。人が多く住む島での作戦ははじめてで、経過を見守っている。

自然の保護か産業か

ガラパゴス諸島には、古くから捕鯨船が立ち寄り、環境に影響をあたえてきました。またエクアドル領になると入植が増え、近年は、その貴重な自然を体験しようと、世界中から観光客が訪れます。観光業が盛んになると、仕事を得ようと本土からの移住者がさらに増えました。観光客は年に22万4000人以上、定住者は2万人にもなり、自然にとって一番の脅威となっています。

パッションフルーツやブラックベリー、牧草のエレファントグラスなどは人が持ちこんだ外来種です。人の排泄物から、トマトの芽が出たなどという話もあります。

また、固有種のナマコ、フカなどの漁の権利を主張する漁師と、それらの絶滅を心配する研究者が対立し、たびたび衝突が起きています。対立が激化し、漁師がゾウガメを人質にするといった事件も起きてしまいました。保護と、観光や漁業といった産業のどちらを大切にするか、そのバランスはとても難しい問題です。

政府らの徹底した対策

エクアドル政府は、環境や固有種を守るために、ダーウィン研究所などと協力して、さまざまな対策をしています。観光客に国立公園入園料をとり、保護活動のための資金にし、さらに観光客に事前に手や靴の消毒を義務づけ、島での行動を制限しています。そして、固有種の人工繁殖や植林をして、生態系の回復を目指しています。

サンタクルス島で外来種のパッションフルーツを食べるガラパゴスゾウガメ。
Michael Nolan / robertharding / gettyimages

除草剤で外来種の森を駆除したあと、固有種のスカレシアの苗を植える。奥のように森になるまでは数年かかる。
©Koichi Fujiwara / NATURE'S PLANET MUSEUM / amanaimages

ヨーロッパ

この地域でこまっている外来種

タヌキ（p18）／ニホンジカ（p20）／ヤギ（p22）／クマネズミ（p24）／オシドリ（p28）／スズメ，イエスズメ（p29）／カワラバト，シラコバト（p30）／キンギョ（p36）／モツゴ（p40）／スズキ（p44）／マハゼ（p45）／ドジョウ（p46）／イソガニ（p48）／エボヤ（p49）／ナミテントウ（p52）／ヒトスジシマカ（p60）／ツヤハダゴマダラカミキリ（p61）／イエヒメアリ（p63）／クズ（p66）／イタドリ（p68）／ワカメ（p70）／ブタクサ（p72）／スイカズラ（p75）／カナムグラ（p77）／メギ，ハマナス（p80）／カエルツボカビ（p81）／アナウサギ（p87）／カダヤシ（p90）／インドハッカ（p91）／オオヒキガエル（p92）／センニンサボテン（p96）／ヌートリア（p100）／トウブハイイロリス（p111）／ミシシッピアカミミガメ（p112）／チョウゴクモクズガニ（p113）など

この地域からの外来種

マガモ（p26）／スズメ，イエスズメ（p29）／カワラバト，シラコバト（p30）／コイ（p34）／キンギョ（p36）／ナナホシテントウ（p52）／キオビクロスズメバチ（p62）／エゾミソハギ（p74）／ダンチク（p76）／アナウサギ（p87）／アカギツネ（p88）／オコジョ，フェレット（p89）／イボタノキの仲間（p95）／ノブタ（p99）／タイセイヨウサケ（p106）／ホシムクドリ（p101）／ハリエニシダ（p107）など

ドイツ南部バーデンビュルンベルク州の森。
Pichugin Dmitry/Shutterstock.com

多くの外来種が侵入

　ヨーロッパは、大部分が温帯にあり、南部は温暖な地中海性気候、北部は寒冷な亜寒帯に位置しています。
　EU（ヨーロッパ連合）の加盟国の中では、人の移動がとくに活発なため、侵入した外来種の拡散もなかなか防ぐことができません。2012年の段階で、ヨーロッパで確認された外来種は1万6000種をこえており、このうち10〜15％は、さまざまな問題をもたらす「侵略的」な外来種です。

着々と進む対策

　ヨーロッパの外来種の経済的影響は、120億ユーロにもおよびます。対策は着々と進んでおり、現在、外来種の情報を提供するネットワークを立ち上げ、いままであったデータベースや研究論文などから、ヨーロッパのすべての外来種のデータをまとめています。
　また、2020年までには、外来種対策の目標が定められており、今後法整備もふくめて、対策が強化されていく予定です。

トウブハイイロリス

Sciurus carolinensis ネズミ目 リス科

世界の侵略的外来生物ワースト100

特定外来生物

自然分布	北アメリカ
移入分布	北アメリカ、イギリス、イタリア、オーストラリア、南アフリカなど
大きさ	体長20〜32cm
生息地	森林、公園など
影響	在来生物

イギリスのロンドン近郊サリーで、キタリス（左）と遭遇するトウブハイイロリス（右）。
©Peter Trimming

colin robert varndell/Shutterstock.com

在来種を脅かすウイルスを拡散！

トウブハイイロリスは飼育目的で世界中に移入され、逃げ出して野生化しています。19世紀に持ちこまれたイギリスでは、現在350万頭以上が生息すると推定されています。

イギリスには在来のキタリスが350万頭ほどいましたが、現在は約14万頭にまで減少しています。キタリスとすみかや食べ物で競合しただけでなく、トウブハイイロリスがリスポックスウイルスを拡散させたことが大きな原因です。このウイルスはトウブハイイロリスには無害ですが、キタリスには致命的な病原体です。

アングルシー島の駆除作戦

ウェールズ北西部のアングルシー島では、キタリスが40頭ほどにまで減少し、トウブハイイロリスの駆除作戦が実行されました。なるべく残酷ではないように、毒やわなで殺す方法はとらず、生け捕りにして一息に殺すという方法がとられました。その結果、キタリスは約700頭まで個体数が回復しています。

しかし、そもそも外来種を殺してしまうことに反対する人も少なくありません。最近では、経口避妊薬を食べ物に混ぜて、トウブハイイロリスにあたえる方法も検討されています。

住民の間でも意見の対立が……

キタリスを守るためでも、外来種というだけで殺してしまうのはおかしい。それが種の区別なく、リスたちが共存していく道を探すべきだ。

外来種なんだから、この国にいてはいけないわ。伝染病を媒介するし、駆除のおかげでキタリスの数が増えてきたじゃない。

ミシシッピアカミミガメ

Trachemys scripta elegans　カメ目　ヌマガメ科

世界の侵略的外来生物ワースト100
日本の侵略的外来生物ワースト100

● 自然分布
● 移入分布

自然分布	北アメリカ
移入分布	ヨーロッパ、ハワイ、インド、日本など
大きさ	甲長最大28cm
生息地	川や湖、沼など
影響	在来生物

Tim Zurowski/Shutterstock.com

世界中で野生化するミドリガメ

　ミドリガメの呼び名で親しまれ、世界的にペットとして飼われているミシシッピアカミミガメ。1989〜1997年の間にアメリカ合衆国から海外市場に5200万匹も輸出されました。安価で販売され、飼育個体がにげたり捨てられたりして、世界各国で野生化しています。また繁殖力が強く、40年ほども生きて大きく成長します。

　日本では、環境省によると、推定約790万匹が野生化しています。ヨーロッパ各国でも、都市近郊の公園の池など、広く繁殖しています。

在来のカメと競合

　ヨーロッパでは、ヨーロッパヌマガメのような在来種の繁殖場所や食べ物、甲羅干しの場所で競合しています。雑食性でさまざまな動植物も被害を受けており、EU（ヨーロッパ連合）では1997年に輸入が禁止されました。日本でもニホンイシガメなどと競合し、今後輸入が規制される見込みです。

ヨーロッパヌマガメ
David Dohnal/Shutterstock.com

カメにとって大事な甲羅干し

　カメは自力で体温調節ができない変温動物です。そのため気温が低いときには、甲羅干しをして体温を上げています。甲羅の下には毛細血管が密集しているので、効率よく体を温めることができます。また日光を浴びることによって、骨の成長に必要なビタミンDを合成したり、体を乾かして清潔に保ったりしています。

イタリアのローマの公園の池で甲羅干しするミシシッピアカミミガメ。by Massimo L.

チュウゴクモクズガニ

Eriocheir sinensis エビ目 イワガニ科

● 自然分布
● 移入分布

自然分布	中国南部、朝鮮半島
移入分布	ヨーロッパ、アメリカなど
大きさ	甲長8cm
生息地	海岸、河川
影響	環境破壊

Erni/Shutterstock.com

ヨーロッパでの広がり

ドイツで見つかって以後、分布を広げている。

※赤いところが分布の範囲

出典：Delivering Alien Invasive Species Inventories for Europe *"Eriocheir sinensis"*

ヨーロッパで猛威を振るう「上海ガニ」

　チュウゴクモクズガニは、日本でも、中華料理の高級食材「上海ガニ」として親しまれています。日本にも侵入してはいますが、まだ定着にまではいたっていません。

　ヨーロッパには、船のバラスト水にまぎれて侵入し、定着しています。最初は1912年にドイツの川で発見され、1920～1930年代にはバルト海より南の北ヨーロッパ全体に生息範囲が拡大しました。幼生がプランクトン生活をするため、水流に乗って拡散しやすいうえ、稚ガニや成体は陸地を長く歩くことができる高い移動能力があり、現在も生息地を拡大しています。

　チュウゴクモクズガニに食べられたり、競合したりすることによって、イギリスではホワイトフットクレイフィッシュというザリガニの減少が加速するなど、とくに水底でくらす生き物に大きな影響をあたえています。また、漁網を破るなど水産業への被害も大きな問題となっています。

アフリカ

この地域でこまっている外来種
ヤギ（p22）／クマネズミ（p24）／マガモ（p26）／オシドリ（p28）／コイ（p34）／ハナミノカサゴ（p38）／カラフトマス（p42）／スズキ（p44）／マハゼ，アカオビシマハゼ（p45）／タウナギ，ドジョウ（p46）／ホソウミニナ（p47）／イソガニ（p48）／エボヤ（p49）／ナミテントウ（p52）／クズ（p66）／エゾミソハギ（p74）／ダンチク（p76）／オオヒキガエル（p92）／ホシムクドリ（p101）／ハリエニシダ（p107）／トウブハイイロリス（p111）／ヒマワリヒヨドリ（p115）など

この地域からの外来種
カワラバト，シラコバト（p30）／ナナホシテントウ（p52）／マイマイガ（p58）／イエヒメアリ（p63）／ブタクサ（p72）／エゾミソハギ（p74）／ダンチク（p76）／イボタノキの仲間（p95）／ホシムクドリ（p101）／モザンビークティラピア（p105）など

南アフリカ共和国北ケープ州の平原。
EcoPrint/Shutterstock.com

財力がなく対策できず

アフリカ北部は世界最大のサハラ砂漠、中央部には熱帯雨林があり、南部には高原と、多様な気候の中でさまざまな動植物が生息しています。

あらゆる生物を、生育環境とともに保全するなどと定めた生物多様性条約に、アフリカ諸国も参加していますが、サハラ砂漠より南の国の多くは、それを実行する財力がとぼしいのが実情です。そのため、なにもできないまま、多くの外来種の侵入を許していました。

外来種がさらなる貧困をまねく

外来植物の問題はとくに深刻です。産業に役立てようと、政府が持ちこんだ植物もあり、そのような外来種が森や牧草地、農地をあらし、作物の生産力を下げるなどして、貧困に追い打ちをかけています。

しかし近年、エチオピア、ガーナ、ウガンダ、ザンビアなどの国で、対策に乗り出しました。この4国は、外部からの資金や技術の援助を受けて、長期に続けていける外来種対策を探っています。

ヒマワリヒヨドリ

Chromolaena odorata キク目 キク科

自然分布	アメリカのフロリダ州〜パラグアイ
移入分布	南アフリカ、オーストラリア、日本など
大きさ	1.5〜2.0m
生息地	耕作地、牧草地、市街地、川岸、林のふちなど

pangcom / Shutterstock.com

9万個の種を拡散させる

ヒマワリヒヨドリは、1株で9万もの種を生産し、風で広がり、種は小さくとげがあって、人や家畜、車にくっついて拡散します。人や物流とともに世界各地に移入し、南アフリカでは1940年代にダーバン港から侵入しました。

アレロパシーによってほかの植物の成長を阻害し、虫を寄せ付けない性質があります。ゴム、アブラヤシ、コーヒーなどの栽培、植林に被害をもたらしています。かり取っても残った根茎から再生する、やっかいな植物です。

国立公園での被害

世界遺産の南アフリカのイシマンガリソ湿地公園では、ナイルワニの営巣地で繁茂して環境を改変し、巣作りを妨害しています。ワニは、ふ化前の気温によって性別が決まるため、ヒマワリヒヨドリが作った日陰によって気温が低くなり、性別がメスにかたよってしまうという影響も起きています。

ヒマワリヒヨドリによって見通しが悪くなるため、野鳥観察、レクリエーションエリアでの狩猟など、観光への影響も心配されています。

アレロパシーって何？

アレロパシーとは、植物から放出される化学物質がほかの植物に影響を及ぼすことで、悪い影響だけでなく、よい影響もあります。たとえばマリーゴールドはコナジラミや線虫、バジルはコナジラミやアブラムシを遠ざける成分を出すため、それらがつきやすいトマトのそばに植えるとよいとされています。

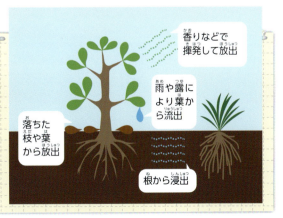

ナイルパーチが引き起こした
ビクトリア湖の悲劇

ナイルパーチ導入で固有種半減

　ビクトリア湖は、アフリカ東部のケニア、ウガンダ、タンザニアの3国にまたがる、アフリカ最大の湖です。シクリッドという魚が、ビクトリア湖の中だけで500種にも進化するなど、その生物の多様性から「ダーウィンの箱庭」とも呼ばれています。

　1954年、当時のイギリス植民地政府が、ナイルパーチという本来アフリカの別の湖や川に生息していた魚を漁業目的で放流しました。ナイルパーチは最大で体長2m、体重160kgにも達する大型の肉食魚で、ビクトリア湖固有のシクリッドなどを食べながら爆発的に繁殖し、固有種は半減してしまいました。

　一方、ナイルパーチが食品として日本やヨーロッパに輸出されると、この地域の経済はこの魚に依存するようになりました。漁民が殺到し、良質な漁場であるミギン

ケニア側のキスム港でナイルパーチをあつかう女性。
©Alamy/PPS通信社

ゴ島という小島には約2000人がひしめき合って暮らすほどです。

環境悪化で漁業にも打撃

　近年では生活排水や農地からの水の流入などにより、富栄養化が進行。固有種が食べていたはずの藻やプランクトンが大量繁殖し、水面には外来種ホテイアオイが繁殖するなど、著しく環境が悪化しています。湖は低酸素状態となり、地元経済を支えていたナイルパーチさえ激減。水産業は大きな打撃を受けています。いかにして生物多様性を保全した持続可能な漁業を回復できるか、ビクトリア湖は難しい課題に直面しています。

ホテイアオイでうめつくされたキスム港。
by Richard Portsmouth

アオコの大発生により湖は緑色になる。
Rob Fenenga/Shutterstock.com

意外に少ない？
マダガスカル島の外来種

森林破壊が進む固有種の宝庫

　6500万年前にアフリカ大陸から分離し、固有の生物を育んできた島、マダガスカル。現在までに発見されている野生動植物の数は25万種にものぼり、その8割がシファカやアイアイをはじめとするマダガスカルの固有種です。現在でも、毎週のように新種が発見される、固有種の宝庫です。

　生物多様性への大きな脅威が、大規模な森林破壊です。焼畑による農地開発が盛んで、人口増加にともなって木材や薪の需要も高まっています。国民の多くが飢えと貧困に苦しむ中、違法伐採が絶えず、キツネザルなどの密猟も横行しています。

焼畑の後には、外来生物が侵入しやすい。
by Frank Vassen

スナバコノキ →

コウモリの奥に、外来種のスナバコノキ。アンカラフォンシッカ国立公園。
by Frank Vassen

今後の固有種減少が心配

　マダガスカルは、ハワイなどに比べて外来種が少なく、注目されていませんでしたが、実際にはいくつもの外来種が定着しています。たとえば陸上では、インドハッカやクマネズミ、ノネコなどが定着。湖ではホテイアオイがはびこり、オオクチバス、スネークヘッド、ナイルアロワナなども定着しています。

　また、焼畑の後には外来生物がはびこりやすく、その後植えるのはマツやユーカリなどの資源利用できる外来種がほとんどで、その影響も心配されています。

花が咲いているのは、外来種のホテイアオイ。チンギデベマラ厳正自然保護区の川で。 by Nicolas Merky

中華人民共和国福建省を流れる川。
Cyril How/Shutterstock.com

アジア

この地域でこまっている外来種

ニホンジカ (p20) ／ヤギ (p22) ／クマネズミ (p24) ／カワラバト, シラコバト (p32) ／コイ (p34) ／キンギョ (p36) ／ドジョウ (p46) ／サイカブト (p57) ／マイマイガ (p58) ／イエヒメアリ (p63) ／ブタクサ (p72) ／カダヤシ (p90) ／インドハッカ (p91) ／オオヒキガエル (p92) ／ヒアリ (p94) ／ギンネム (p95) ／ランタナ (p97) ／ヌートリア (p100) ／モザンビークティラピア (p105) ／ミミシッピアカミミガメ (p112) など

この地域からの外来種

タヌキ (p18) ／ニホンジカ (p20) ／クマネズミ (p24) ／マガモ (p26) ／オシドリ (p28) ／スズメ, イエスズメ (p29) ／カワラバト (p30) ／コイ (p34) ／キンギョ (p36) ／ハナミノカサゴ (p38) ／モツゴ (p40) ／スズキ (p44) ／マハゼ, アカオビシマハゼ (p45) ／ドジョウ (p46) ／ホソウミニナ (p47) ／イソガニ (p48) ／キヒトデ, エボヤ (p49) ／ナミテントウ, ナナホシテントウ (p52) ／マメコガネ (p54) ／ナミアゲハ (p56) ／サイカブト (p57) ／マイマイガ (p58) ／ヒトスジシマカ (p60) ／ツヤハダゴマダラカミキリ (p61) ／フタモンアシナガバチ, キオビクロスズメバチ (p62) ／クズ (p66) ／イタドリ (p68) ／ワカメ (p70) ／エゾミソハギ (p74) ／スイカズラ (p75) ／ダンチク (p76) ／カナムグラ, ネズミモチ (p77) ／イシミカワ (p78) ／ススキ (p79) ／メギ, ハマナス (p80) ／カエルツボカビ (p81) ／アカギツネ (p88) ／オコジョ (p89) ／インドハッカ (p91) ／イボタノキの仲間, ギンネム (p95) ／セイロンマンリョウ (p96) ／ノブタ (p99) ／ホシムクドリ (p101) ／チョウゴクモクズガニ (p113) など

世界一人口が多い地域

アジアは、ユーラシア大陸の80％と、多くの島をふくむ広大な地域で、寒帯から熱帯までの幅広い気候帯に属しています。
東・東南アジアは、世界的に見てもっとも人口の集中した地域です。貿易量も多く、2015年の輸出・輸入額世界一は中国。日本も輸出・輸入ともに4位に入っています。貿易の多い国では、貿易品にくっついて生き物が出入りする機会も多く、外来生物が侵入するリスクも高いと考えられます。

国際協力で防ぐ

東・東南アジアでは、外来生物による農業などの経済的な被害が拡大しています。各国では、厳しい検疫も行っていますが、防ぎきれないのが現状です。そこで、日本と台湾の組織が協力して、この地域の農業にかかわる外来生物のデータベースを作成したり、国際的な集まりを開催したりしています。外来生物が侵入したときには、速やかに対策できるよう、研究者どうしのネットワーク作りも行っています。

経済発展により加速!?
500種以上に侵入された中国

クローズアップ

ホテイアオイがおおいつくす中国の川。
Victor Jiang/Shutterstock.com

世界有数の生物多様性大国

5つの気候帯にまたがる広大な国土をもつ中国。その15％以上が自然保護区で、世界有数の生物多様性大国でもあります。

近年は経済発展が著しく、開発が進むとともに、経済のグローバル化にともなって外来種が急速に増加しています。確認されている外来種は500種以上で、世界の侵略的外来種ワースト100（→122ページ）のうち、半数が中国で発見されています。多様な自然環境を有するがゆえに、多様な外来種も定着しやすい面があります。

在来種と農業への被害が深刻

ホテイアオイは中国各地で大発生しており、繁殖しやすい状態にまで湖や河川の水質が悪化していると指摘されています。中国沿岸の干潟や湿地では、北アメリカ原産のイネ科植物スパルティナ・アルテルニフロラが繁茂して、水鳥のすみかが失われる被害が出ています。農地で猛威をふるうクロフトン雑草やスクミリンゴガイ（ジャンボタニシ）、農薬の効きづらいタバココナジラミ・バイオタイプQなどによる農業被害も深刻です。

香港のラマ島に侵入したツルヒヨドリ。
Tuomas Lehtinen/Shutterstock.com

クロフトン雑草は、メキシコが原産。
Luis Santos/Shutterstock.com

> コラム 外来生物から生態系を守るために……

わたしたちにもできること

外来生物から生態系を守るため、日本では、国としてどんな取り組みをしているのでしょう。そして、わたしたちにはどんなことができるのでしょうか。法律などを知って、自分ができることを考えてみましょう。

Q 外来生物の法律ってなに？

A 特定外来生物を管理する外来生物法

外来生物法は、外来生物による生態系、人の生命・身体、農林水産業への被害を防止するための法律です。とくに影響の大きい生物を特定外来生物に指定し、許可のない飼育や栽培、運搬、保管、輸入、野外に植える・放つ・まく、許可のない人に売ったりもらったりすることを規制します。

もし、特定外来生物が野外に定着すると、場合によっては取り返しのつかない事態を引き起こすことも考えられます。そのため、外来生物法に違反すると、場合によっては非常に重い罰則が課せられます。

違反すると……

個人なら…… 懲役3年以下もしくは300万以下の罰金
法人なら…… 1億円以下の罰金
が課せられることも！

今までの逮捕例

● テナガコガネを飼育してインターネットで販売

● ブラックバスとブルーギルをプールで飼育

 飼育・栽培
 運搬
 保管
 輸入
 野外に植える・放つ・まく
 売る・もらう

Q どんなことに気をつけたらいい？
A 入れない、捨てない、ひろげない！

外来生物法の基本となる考え方は、以下のような「外来生物被害予防三原則」です。わたしたちも、うっかりやってしまいそうなことがありますから、気をつけましょう。

入れない
生態系などに悪影響をおよぼすかもしれない外来生物は、むやみに日本に入れない。

できるコト

違法輸入生物を買わない
いくら法律を作っても、それを守らないで違法に輸入している人がいます。特定外来生物を飼いたいからといって、違法に輸入されたものを買うのは違反です。新たに特定外来生物をペットとして飼うことは許可されません。

捨てない
すでに国内で飼っている外来生物がいる場合は、野外に捨てたり、放し飼いにしたり、にげたりしないように管理する。

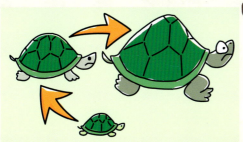

できるコト

最後まで飼うための下調べをする
法律制定前から飼っているものは、許可を得れば続けて飼育できます。今後、新しい生き物を飼うときは、何年生きるか、どのくらい大きくなるか、飼育の手間などについてよく調べ、飼えなくなって捨てるいったことがないようにしましょう。

ひろげない
野外で外来生物が繁殖してしまっている場合には、ほかの地域にひろげない。

できるコト

生きたまま持ち帰らない
もし外来生物をつった場合、その場でしめて持ち帰るならよいですが、生きたまま持ち帰ると外来生物法に違反します。その場で放すのはOKでも、別の川に持っていったり、同じ川の別の場所まで移動したりするのは違反です。

世界に大きな影響をおよぼす生き物たち

世界の侵略的外来生物ワースト100

※ページ数は、種の写真や解説のあるページです。

ほ乳類

アカギツネ（→88ページ）
アカシカ（→21ページ）
アナウサギ（→87ページ）
イエネコ（ノネコ）（→15ページ）
ブタ（ノブタ）（→99ページ）
オコジョ（→89ページ）
カニクイザル
クマネズミ（→24ページ）
フイリマングース
トウブハイイロリス（→111ページ）
ヌートリア（→100ページ）
ハツカネズミ（→15ページ）
フクロギツネ（→90ページ）
ヤギ（→22ページ）

鳥類

インドハッカ（→91ページ）
シリアカヒヨドリ
ホシムクドリ（→101ページ）

は虫類

アカミミガメ（ミシシッピアカミミガメ）（→112ページ）
ミナミオオガシラ（→102ページ）

両生類

ウシガエル
オオヒキガエル（→92ページ）
コキーコヤスガエル（→107ページ）

魚類

ウォーキングキャットフィッシュ
オオクチバス（→12ページ）
カダヤシ（→90ページ）
カワスズメ（モザンビークティラピア）（→105ページ）
コイ（→34ページ）
ナイルパーチ（→116ページ）
ニジマス
ブラウントラウト

昆虫類

アシナガキアリ
アノフェレス・クァドリマクラタス（カの仲間）
アルゼンチンアリ
イエシロアリ
キナラ・カプレッシ（アブラムシの仲間）
キオビクロスズメバチ（→62ページ）
コカミアリ
タバココナジラミ
ツヤオオズアリ
ツヤハダゴマダラカミキリ（→61ページ）
ヒアリ（→94ページ）
ヒトスジシマカ（→60ページ）
ヒメアカカツオブシムシ
マイマイガ（→58ページ）

昆虫以外の節足動物

セルコパジス・ペンゴイ（ミジンコの仲間）
チュウゴクモクズガニ（→113ページ）
ヨーロッパミドリガニ（→48ページ）

「世界の侵略的外来生物ワースト100」は、国際自然保護連合（IUCN）が選んだ、世界をなやます外来生物のリストです。多種多様な種を選ぶため、各属から1種を選んでいます。そのため、このリストになければ深刻度が低いというわけではありません。

軟体動物

- アフリカマイマイ（➡13ページ）
- カワホトトギスガイ
- スクミリンゴガイ
- ヌマコダキガイ
- ムラサキイガイ
- ヤマヒタチオビ

その他の動物

- キヒトデ（➡49ページ）
- ニューギニアヤリガタリクウズムシ
- ムネミオプシス・レイディ（クラゲの仲間）

陸の植物

- アカキナノキ
- アメリカクサノボタン
- イタドリ（➡68ページ）
- エゾミソハギ（➡74ページ）
- オオバノボタン
- オプンティア・ストリクタ（サボテンの仲間）
- カエンボク
- カユプ（フトモモの仲間）
- キバナシュクシャ
- キバンジロウ
- キミノヒマラヤキイチゴ
- ギンネム（➡95ページ）
- クズ（➡66ページ）
- サンショウモドキ（➡97ページ）
- セイロンマンリョウ（➡96ページ）
- タマリクス・ラモシッシマ（ギョリュウの仲間）
- ダンチク（➡76ページ）
- チガヤ
- ハギクソウ
- ハリエニシダ（➡107ページ）
- ヒマワリヒヨドリ（➡115ページ）
- フランスカイガンショウ
- プロソピス・グランドゥロサ（マメの仲間）
- ホザキサルノオ
- ツルヒヨドリ（➡119ページ）
- ミツバハマグルマ
- ミモザ・ピグラ
- ミリカ・ファヤ（ヤマモモの仲間）
- モリシマアカシア
- ヤツデグワ
- ランタナ（➡97ページ）
- リグストルム・ロブストゥム（イボタノキの仲間）

水中・水辺の植物

- イチイヅタ
- オオサンショウモ
- スパルティナ・アングリカ（イネの仲間）
- ホテイアオイ（➡116、117ページ）
- ワカメ（➡70ページ）

病原体など

- アファノマイセス菌
- エキビョウキン
- カエルツボカビ（➡81ページ）
- クリ胴枯病菌
- 鳥マラリア原虫
- ニレ立枯病菌
- バナナ萎縮病ウイルス

日本にもさまざまな種が侵入！
日本の侵略的外来生物 ワースト100

※ページ数は、種の写真や解説のあるページです。

ほ乳類

- アライグマ（→19ページ）
- イノブタ（ノブタ）（→99ページ）
- カイウサギ（アナウサギ）（→87ページ）
- タイワンザル（→12ページ）
- チョウセンイタチ
- ニホンイタチ
- ヌートリア（→100ページ）
- ノネコ（→15ページ）
- フイリマングース
- ヤギ（→22ページ）

鳥類

- ガビチョウ（→32ページ）
- コウライキジ
- シロガシラ
- ソウシチョウ
- ドバト（カワラバト）（→30ページ）

は虫類

- カミツキガメ（→13ページ）
- グリーンアノール
- タイワンスジオ
- ミシシッピアカミミガメ（→112ページ）

両生類

- ウシガエル
- オオヒキガエル（→92ページ）
- シロアゴガエル

魚類

- オオクチバス（→12ページ）
- カダヤシ（→90ページ）
- コクチバス
- ソウギョ
- タイリクバラタナゴ
- ニジマス
- ブラウントラウト
- ブルーギル（→33ページ）

昆虫類

- アメリカシロヒトリ
- アリモドキゾウムシ
- アルゼンチンアリ
- アルファルファタコゾウムシ
- イエシロアリ
- イネミズゾウムシ
- イモゾウムシ
- インゲンテントウ
- ウリミバエ
- オンシツコナジラミ
- カンシャコバネナガカメムシ
- カンショオサゾウムシ
- シルバーリーフコナジラミ
- セイヨウオオマルハナバチ（→12ページ）
- チャバネゴキブリ
- トマトハモグリバエ
- ネッタイシマカ
- ヒロヘリアオイラガ
- マメハモグリバエ
- ミカンキイロアザミウマ
- ミナミキイロアザミウマ
- ヤノネカイガラムシ

「日本の侵略的外来生物ワースト100」は、日本生態学会が選んだ、日本国内で大きな影響をおよぼしている外来生物のリストです。世界と同様、このリストになくても、侵略的と見なされるほど、深刻な被害が出ている種もあります。

昆虫以外の節足動物

アメリカザリガニ（➡12ページ）
ウチダザリガニ
セアカゴケグモ（➡13ページ）
チチュウカイミドリガニ
トマトサビダニ

軟体動物

アフリカマイマイ（➡13ページ）
カワヒバリガイ
コウロエンカワヒバリガイ
サカマキガイ
シナハマグリ
スクミリンゴガイ
チャコウラナメクジ
ムラサキイガイ
ヤマヒタチオビ

その他の動物

カサネカンザシ

陸の植物

アカギ
アレチウリ
イタチハギ
イチビ
オオアレチノギク
オオアワダチソウ
オオオナモミ
オオキンケイギク（➡32ページ）
オオブタクサ（➡13ページ）
オニウシノケグサ

外来種タンポポ種群（➡32ページ）
カモガヤ
キショウブ
シナダレスズメガヤ
セイタカアワダチソウ（➡33ページ）
タチアワユキセンダングサ
ネバリノギク
ハリエンジュ（➡32ページ）
ハルザキヤマガラシ
ハルジオン
ヒメジョオン

水中・水辺の植物

イチイヅタ
オオカナダモ
オオフサモ
コカナダモ
ボタンウキクサ
ホテイアオイ（➡116、117ページ）

病原体など

アライグマ回虫
エキノコックス
ジャガイモシスト線虫
ネコ免疫不全ウイルス（➡83ページ）
マツノザイ線虫
ミツバチヘギイタダニ

●さくいん

あ行

- アイアイ……117
- アイガモ……27
- アオクビアヒル……27
- アカウミガメ……88
- アカオビシマハゼ……45
- アカギ……125
- アカギツネ……18,85,88,122
- アカキナノキ……123
- 赤潮プランクトン……71
- アカシカ……21,122
- アサリ……49
- アシナガキアリ……122
- アナウサギ……51,84,87,88,89,122,124
- アノフェレス・クァドリマクラタス……122
- アヒル……27
- アファノマイセス菌……123
- アブラヤシ……115
- アフリカマイマイ……8,13,83,102,123,125
- アマミノクロウサギ……15
- アメリカオニアザミ……13
- アメリカガモ……27
- アメリカクサノボタン……123
- アメリカザリガニ……9,12,50,125
- アメリカシロヒトリ……124
- アライグマ……9,13,14,19,124
- アライグマ回虫……125
- アリゲーターガー……35
- アリモドキゾウムシ……124
- アルゼンチンアリ……13,122,124
- アルファルファタコゾウムシ……124
- アレチウリ……12,125
- アレロパシー……80,115
- イエシロアリ……122,124
- イエスズメ……29
- イエヒメアリ……63
- イガイ……49
- イシミカワ……78
- イソガニ……48
- イタチハギ……125
- イタドリ……17,68～69,123
- イタドリマダラキジラミ……69
- イチイヅタ……123,125
- イチビ……125
- イチモンジチョウ……75
- 犬ジステンパー……19,82
- イネネズミゾウムシ……124
- イボタノキの仲間……95
- イモゾウムシ……124
- イリオモテヤマネコ……83
- インゲンテントウ……124
- インドハッカ……84,91,117,122
- ウォーキングキャットフィッシュ……122
- 兎粘液腫……87
- ウシガエル……12,51,83,122,124
- ウチダザリガニ……12,50,125
- うどんこ病……75
- ウリミバエ……124
- エキノコックス……125
- エキビョウキン……123
- エゾシカ……15
- エゾミソハギ……74,123
- エボヤ……49
- エレファントグラス……109
- エンゼルフィッシュ……64
- オオアオサギ……46
- オオアレチノギク……125
- オオアワダチソウ……125
- オオオナモミ……125
- オオカナダモ……125
- オオキンケイギク……32,125
- オオクチバス……9,12,33,64,117,122,124
- オオサンショウモ……123
- オーストラリアワニ……93
- オオバイボタ……95
- オオバノボタン……123
- オオハマボウ（ハウ）……103
- オオヒキガエル……84,92～93,122,124
- オオフサモ……125
- オオブタクサ……9,13,125
- オオマリコケムシ……33
- オガサワラシジミ……56
- オコジョ……89,122
- オシドリ……28
- オニウシノケグサ……125
- オプンティア・ストリクタ……123
- オンシツコナジラミ……14,124

か行

- 外来種タンポポ種群（→セイヨウタンポポ）……12,32,125
- カエルツボカビ……81,83,123
- カエンボク……123
- カカポ……89
- カサネカンザシ……125
- カスピカイアザラシ……82
- カスミサンショウウオ……83
- カダヤシ……90,122,124
- カナムグラ……77
- カニクイザル……122
- ガビチョウ……12,32,124
- カミツキガメ……9,13,64,124
- カモガヤ……125
- カユプ……123
- ガラパゴスノリ……108
- ガラパゴゾウガメ……23,108～109
- カラフトマス……17,42～43
- カリフォルニアウミニナ……47
- カロ（タロ）……103
- カワアイサ……28
- カワヒバリガイ……125
- カワホトトギスガイ……123
- カワラバト……13,16,30～31,51,124
- カンシャコバネナガカメムシ……124
- カンショオサゾウムシ……124
- 広東住血線虫症……13,83
- キーウィ……89
- キオビクロスズメバチ……62,122
- キガシラペンギン……89
- キショウブ……125
- キタキツネ……88
- キタリス……111
- キツネザル……117
- キナ・カプレッシ……122
- キバシガモ……27
- キバナシュクシャ……123
- キバンジロウ……123
- キヒトデ……49,123
- キミノヒマラヤキイチゴ……123
- キョン……8,14,21
- キンギョ……17,36～37
- ギンザケ……43
- ギンネム……95,123
- グアムクイナ……102
- クサガメ……12
- クシクラゲ……71
- クズ……17,66～67,122
- グッピー……65
- クマネズミ……16,24～25,108,117,122
- グリーンアノール……12,124
- クリスマスネズミ……25
- クリ胴枯病菌……123
- クロウミツバメ……25
- クロクチブトサルゾウムシ……78
- クロフトン雑草……119
- コイ……34～35,122
- コイヘルペスウイルス……35,37
- コウライキジ……12,124
- コウロエンカワヒバリガイ……125
- コー（サトウキビ）……103
- コーヒー……103,115
- コカナダモ……125
- コカミアリ……122
- コキーコヤスガエル……107,122
- コキンメフクロウ……28
- コクチバス……124
- コクレン……17,34,40
- ココノホシテントウ……50,51
- ココヤシ……57,103
- コミノネズミモチ……95
- ゴム……115
- コレラ菌……71

さ行

- サイカブト……57
- サカマキガイ……125
- サケマス……42
- サルモネラ症……101
- サンショウモドキ……97,123
- シジュウカラ……28
- シナダレスズメガヤ……125
- シナハマグリ……125
- シファカ……117
- ジャイアントパンダ……82
- ジャガイモシスト線虫……125
- シラコバト……16,30～31
- シラホシガモ……27
- シリアカヒヨドリ……122
- シルバーアロワナ……64
- シルバーリーフコナジラミ……124
- シロアゴガエル……124
- シロガシラ……124
- シロザケ……42,43
- スイカズラ……75
- スイカズラヒゲナガアブラムシ……75
- スカレシア……109
- スクミリンゴガイ……14,119,123,125
- ススキ……79
- スズキ……44
- スズメ……29
- スネークヘッド……117
- スパルティナ・アルテニフロラ……119
- スパルティナ・アングリカ……123
- スポテッドハンドフィッシュ……49
- セアカゴケグモ……8,13,125
- セイタカアワダチソウ……33,79,125
- セイヨウイボタ……95
- セイヨウオオマルハナバチ……8,12,124
- セイヨウタンポポ（外来種タンポポ種群）……12,32,125
- セイロンマンリョウ……96,123
- ゼブラ貝……71
- セルコパジス・ペンゴイ……122
- セルフィンプレコ……65

センニンサボテン	96	
ソウギョ	12,34,40,124	
ソウシチョウ	12,124	

た行

タイガーショベルノーズキャットフィッシュ	64
タイセイヨウサケ	43,85,106
タイドウォーターゴビー	45
タイリクスズキ	44
タイリクバラタナゴ	12,124
タイワンザル	8,12,124
タイワンスジオ	12,124
タイワンリス	14
タウナギ	46
タチアワユキセンダングサ	125
タツナツメオワラビー	88
タヌキ	16,18～19,82
タバココナジラミ	119,122
ダマシカ	21
タマリクス・ラモシッシマ	123
タロ（カロ）	103
ダンチク	76,123
チガヤ	123
チチュウカイイミドリガニ	125
チャコウラナメクジ	125
チャバネゴキブリ	13,124
チャバラマユミソサザイ	29
チュウゴクオオサンショウウオ	12
チュウゴクモクズガニ	84,113,122
チョウゲンボウ	28
チョウセンイタチ	124
ツシマヤマネコ	83
ツマアカスズメバチ	13
ツヤオオズアリ	122
ツヤハダゴマダラカミキリ	61,122
ツルヒヨドリ	119,123
テナガコガネ	120
トウネズミモチ	95
トウブハイイロリス	28,84,111,122
ドジョウ	46
ドブネズミ	24
トマトサビダニ	125
トマトハモグリバエ	14,124
鳥インフルエンザウイルス	27
鳥マラリア原虫	123

な行

ナイルアロワナ	117
ナイルパーチ	116,122
ナイルワニ	115
ナウパカ・クアヒヴィ	103
ナナホシテントウ	17,52～53
ナミアゲハ	56
ナミテントウ	17,52～53
ニウ（ココヤシ）	103
ニクアリ	93
ニゴロブナ	12
ニシキヘビ	64
ニシコクマルガラス	28
ニジマス	122,124
二生吸虫	47
ニホンイシガメ	112
ニホンイタチ	124
ニホンオオカミ	82
ニホンザル	12
ニホンジカ	16,20～21
ニューギニアヤリガタリクウズムシ	123
ニュージーランドクイナ	89
ニレ立枯病菌	123
ヌートリア	9,12,14,33,84,100,122,124
ヌマコダキガイ	123
ネオンテトラ	64
猫エイズ	83
ネコ免疫不全ウイルス	83,125
ネズミモチ	77
ネッタイシマカ	60,124
ネバリノギク	125
ノイヌ	15
ノーザンクオール	93
ノネコ	15,117,122,124
ノブタ	85,99,122,124
ノロジカ	21

は行

バイカルアザラシ	82
ハイビスカス	103
ハウ（オオハマボウ）	103
ハギクソウ	123
ハクビシン	14
ハクレン	17,34,40
ハツカネズミ	15,122
パッションフルーツ	109
バナナ萎縮病ウイルス	123
ハナミノカサゴ	17,38～39
ハマナス	80
バラスト水	10,44,45,48,49,70～71,74,98,113
ハリエニシダ	107,123
ハリエンジュ	32,125
ハルザキヤマガラシ	125
ハルジオン	125
ハワイマガモ	26,27
ヒアリ	84,94,122
ヒトスジシマカ	60,122
ピヌークサーモン	43
ヒマワリヒヨドリ	84,115,123
ヒメアカカツオブシムシ	122
ヒメジョオン	28
ヒメモリハバト	125
ピラニア	65
ヒロヘリアオイラガ	124
フイリマングース	12,122,124
ブーゲンビリア	56,103
フェアリーペンギン	89
フェレット	89
フクロギツネ	90,122
フクロモモンガ	91
豚伝染性胃腸炎	101
ブタクサ	13,16,72～73
フタモンアシナガバチ	62
フタモンテントウ	50,51
ブラウントラウト	122,124
ブラストミセス症	101
ブラックバス	120
ブラックベリー	109
フランスカイガンショウ	123
ブルーギル	33,64,120,124
ブルドックネズミ	25
プルメリア	103
プロソピス・グランドゥロサ	123
ホオジロガモ	28
ホザキサルノオ	123
ホシムクドリ	85,101,122
ホソウミナ	47
ホタテガイ	49
ボタンウキクサ	125
ホテイアオイ	116,117,119,123,125
ホワイトフットクレイフィッシュ	113
ホンドギツネ	88
ホンモロコ	12

ま行

マイマイガ	16,58～59,122
マオ・ハウ・ヘレ	103
マガモ	17,26～27,28
マスノスケ	43
マダガスカルガモ	27
マダラガモ	27
マツノザイ線虫	125
マハゼ	45
マヒトデ	71
マミジロカルガモ	27
マメコガネ	17,54～55
マメハモグリバエ	124
マリアナオオコウモリ	102
マルハゼ	71
ミカンキイロアザミウマ	124
ミクソーマウイルス	87
ミシシッピアカミミガメ	84,112,122,124
ミジンコの仲間	71
ミツバチヘギイタダニ	125
ミツバハマグルマ	123
ミナミオオガシラ	102,122
ミナミキイロアザミウマ	124
ミモザ・ピグラ	123
ミリカ・ファヤ	123
ムネミオプシス・レイディ	123
ムラサキイガイ	123,125
ムラサキイガイ	71
メギ	80
メキシコマガモ	27
メキシコサラマンダー	105
メリケンキンソウ	13
メンフクロウ	28
モクズガニの仲間	71
モザンビークティラピア	85,105,122
モツゴ	16,40～41
モリシマアカシア	123
モリフクロウ	28

や行

ヤギ	14,16,22～23,107,108122,124
ヤツデグワ	123
ヤノネカイガラムシ	124
ヤブサザイ	89
ヤマヒタチオビ	123,125
ユーラシアイノシシ	99
ヨーロッパアナグマ	18
ヨーロッパサイカブト	57
ヨーロッパヌマガメ	112
ヨーロッパミドリガニ	48,122

ら・わ行

ライオン	82
ライフクロウ	89
ラナウイルス	83
ランタナ	97,123
リグストルム・ロブストゥム	123
リスボックスウイルス	111
ルリツグミ	29
ロイヤルアルバトロス	89
ワケホンセイインコ	32
ワカメ	16,70～71,123
ワニガメ	13,64

【写真提供】

表紙／Potapov Alexander/Shutterstock.com, Stanislav Duben/Shutterstock.com, Fremme/Shutterstock.com, MaZiKab/Shutterstock.com, Martin Pelanek/Shutterstock.com, Shane Gross/Shutterstock.com, itay uri/Shutterstock.com, Ng Toby/Shutterstock.com, Tim Zurowski/Shutterstock.com, ©iStockphoto.com/Judy_Dautovich-Ralf_Hunsinger, Mateusz Sciborski/Shutterstock.com, by Katie Ashdown, pangcom /Shutterstock.com, Jim Nelson/Shutterstock.com, Alex Churilov/Shutterstock.com, Kuttelvaserova Stuchelova/Shutterstock.com, Anan Kaewkhammul/Shutterstock.com

またクリエイティブコモンに基づき使用した写真につきましては以下に作品名またはそれに準ずるものと発表年を記します。／kudzu（2007）, Sika Deer（2014）, Dear roe deer（2012）, Red-Sika Deer on Camaderry（2011）, Incisors of Black Rat (Rattus rattus)（2013）, Mallard × Hawaiian Duck Hybrid（2016）, Koloa also Hawaiian Duck (Female, Male)（-）, Meller's Duck Anas melleri at the Louisville Zoo（2011）, African Black Duck（2008）, Mexican Duck（2017）, Aigamo(Duck)（2012）, Isabella Plantation（2012）, Carp（2016）, May 22, 2010 Electro Fishing Operations（2010）, Got Um'! Lionfish Speared（2011）, Clissold Park Hackney London February 18 2015 013 Environment Agency（2015）, Pseudorasbora parva (Topmouth Gudgeon) caught with fishing hook in Podari Lake, Romania（2009）, Sphaerothecum destruens（2013）, Humpies（2009）, Great Blue Heron（2013）, Cerithideopsis californica (Haldeman, 1840)（2015）, Monitoring Marine Invasives（2012）, THE ENDANGERED SPOTTED HANDFISH（-）, ASTERIAS AMURENSIS, NORTHERN PACIFIC SEASTAR（-）, Folded sea-squirt (Styela clava) in Saint-Quay-Portrieux（2010）, Lapin à la moutarde（2015）, 25th Annual Mississippi Coast Coliseum Crawfish Festival Cook-Off.（2017）, Chinese Food - Pigeon 2（2012）, DSC_0633（2015）, The Asiatic rhinoceros beetle or coconut rhinoceros beetle (Oryctes rhinoceros)（2015）, Coconut Rhinoceros Beetle (CRB)（2015）, Trap for Coconut Rhinoceros Beetle (CRB)（2015）, Gypsy moth defoliation of hardwood trees along the Allegheny Front near Snow Shoe, Pennsylvania in July of 2007.（2007）, Gypsy Moth Nest（2009）, Asian Longhorned Beetle（2014）, Aasianrunkojäärä, Anoplophora glabripennis（2015）, Pests Ants（2016）, Osteoglossum bicirrhosum（2005）, cardinal tetra (back) neon tetra (front)（2009）, Angel Fish（2006）, Tama river（2016）, Piranha（2009）, The Monster（2007）, kudzu（2007）, Kudzu（2016）, Japanese Knotweed（2006）, japanese knotweed（2007）, Goat's Milk Ricotta Ravioli（2014）, イチモンジチョウ（2010）, Japanese honeysuckle（2008）, arundo-1（2009）, Envy Grows on Trees（2006）, Miscanthus sinensis (Grass)（2012）, Dead Bd-infected Atelopus limosus at Sierra Llorona (posed to show ventral lesions and chytridiomycosis signs)（2011）, Life cycle of the pathogenic chytrid fungus Batrachochytrium dendrobatidis.（2010）, EUROPEAN RABBITS（-）, Rabbit proof fence in 2005（2005）, Ferret group on rocks（-）, Stoat runnning（-）, Sugar Glider (Petaurus breviceps)（2016）, Common Myna Acridotheres tristis in Kolkata, West Bengal, India.（2007）, fire ant (Solenopsis geminata) (Fabricius)（-）, RIFA Raft After Heavy Rain（2015）, Prickly Pear, Opuntia stricta（2013）, starr-071216-0066-Schinus_terebinthifolius-berries-Makawao-Mau（2007）, 20130507-APHIS-TC-0007（2008）, 20130507-APHIS-UNK-0006（2008）, 20130507-APHIS-UNK-0012（2015）, 20130507-APHIS-JS-0018（2010）, 20140402-APHIS-UNK-0003（2014）, Brown treesnake near trap（2006）, Helicopter distributing aerial mouse baits_USDA（2010）, Example aerial mouse bait and biodegradable streamer_USDA（2013）, HAWAIIANS READY TO DEMONSTRATE HULA DANCE TO WAIKIKI BEACH TOURISTS（1970）, starr-160323-4245-Hibiscus_brackenridgei_subsp_brackenridgei-flowers-Hawea_Pl_Olinda-Maui（2016）, Scaevola gaudichaudiana（2008）, Atlantic Salmon Male（2006）, Coqui frog at La Finca Caribe, Vieques, Puerto Rico（2013）, Plaga de Ulex europaeus en el sur de Chile（2011）, Galapagos Landscape with Cacti（2009）, Galapagos Hawk（2013）, Baby Galapagos Tortoises（2015）, Red & Grey for TQ3643（-）, Trachemys scripta, lago di villa Pamphilj, Roma, Italy（2007）, Kisumu Docks (10)（2011）, Eichhornia crassipes invasive species in Madagascar（2014）, Mauritian Tomb Bat (Taphozous mauritianus), Ankarafantsika, Madagascar（2008）, Slash and Burn Agriculture, Morondava, Madagascar（2010）

【主な参考文献＆参考ホームページ】

- 今泉忠明『外来生物 最悪50』（SBクリエイティブ サイエンス・アイ新書）
- 『小学館の図鑑NEO』（小学館）
- 『動物大百科』（平凡社）
- The Global Invasive Species Database　http://www.iucngisd.org/gisd/
- 侵入生物データベース（国立環境研究所）　https://www.nies.go.jp/biodiversity/invasive/index.html
- 日本の外来種対策（環境省自然環境局）　https://www.env.go.jp/nature/intro/index.html
- USGS（アメリカ地質調査所）　https://www.usgs.gov/
- CSIRO（オーストラリア連邦科学産業研究機構）　https://www.csiro.au/
- USDA（アメリカ合衆国農務省）　https://www.usda.gov/
- USFWS（合衆国魚類野生生物局）　https://www.fws.gov/

監修　今泉忠明（いまいずみただあき）

東京水産大学卒業。国立科学博物館でほ乳類の分類を学び、上野動物園の解説員などを経て、現在、日本動物科学研究所所長などを務める。各地のフィールドで小型ほ乳類の生態・行動などを調査。著書に『外来生物最悪50』（SBクリエイティブ サイエンス・アイ新書）など多数。

執　　筆	野島智司（マイマイ計画）,有沢重雄,戸辺千裕（キャデック）
編集協力	戸辺千裕,石黒勇気（キャデック）
イラスト	はかまた02
装丁・本文デザイン	遠藤明美、遠藤嘉浩（遠藤デザイン）、室田素子

見ながら学習　調べてなっとく
ずかん　海外を侵略する　日本＆世界の生き物

2017年8月7日　初版　第1刷発行

定価はカバーに表示してあります。

本書の一部または前部を著作権法の定める範囲を超え、無断で複写、複製、転載あるいはファイルに落とすことを禁じます。

発行者　片岡　巌
発行所　株式会社技術評論社
　　　　東京都新宿区市谷左内町21-13
電　話　03-3513-6150　販売促進部
　　　　03-3267-2270　書籍編集部
印刷／製本　大日本印刷株式会社

©2017　今泉忠明、株式会社キャデック

造本には細心の注意を払っておりますが、万一、乱丁（ページの乱れ）や落丁（ページの抜け）がございましたら、小社販売促進部までお送りください。送料小社負担にてお取り替えいたします。

ISBN978-4-7741-9076-1 C3045

Printed in Japan